河南省"十二五"普通高等教育规划教材

AutoCAD 2023
计算机绘图实用教程

AutoCAD 2023 Jisuanji Huitu Shiyong Jiaocheng

方东阳　张爱梅　主　编

中国教育出版传媒集团

高等教育出版社·北京

内容提要

本书是在张爱梅等主编的《AutoCAD 2015 计算机绘图实用教程》的基础上，根据教育部高等学校工程图学课程教学指导分委员会 2019 年制订的《高等学校工程图学课程教学基本要求》修订而成的。本书为河南省第一批"十二五"普通高等教育规划教材（教高〔2013〕1075 号），是全国教育科学"十二五"规划课题"我国高校应用型人才培养模式研究"机械类子课题的研究成果，被评为首届河南省教材建设奖优秀教材二等奖（教思政〔2021〕144 号）。

本书介绍了 Autodesk 公司推出的计算机设计绘图软件的最新版本——AutoCAD 2023 的基本内容和使用方法，同时以工程设计绘图对软件功能的基本需求为主要线索，结合国家标准《CAD 工程制图规则》（GB/T 18229—2000）的规定，介绍了绘制符合我国国家标准要求的工程图样的一般方法、步骤和技巧。

本书的主要内容有 AutoCAD 绘图基础，二维绘图，快速精确绘图，二维图形的编辑，创建文本和表格，图案填充，图层的设置与管理，尺寸标注，图块与属性、外部参照和设计中心，三维绘图基础知识，三维实体绘制及应用，图形数据输出和打印，AutoCAD 绘图综合实例等。

本书可作为高等学校本科相关专业的教材，也可作为其他类型学校相关专业及相关领域培训班的教材，还可作为从事计算机绘图技术研究与应用人员的参考书。

图书在版编目（ＣＩＰ）数据

AutoCAD 2023 计算机绘图实用教程／方东阳,张爱梅主编. --北京 :高等教育出版社,2023.12

ISBN 978-7-04-061312-4

Ⅰ.①A… Ⅱ.①方… ②张… Ⅲ.①AutoCAD 软件-教材 Ⅳ.①TP391.72

中国国家版本馆 CIP 数据核字（2023）第 213734 号

策划编辑	杜惠萍	责任编辑	杜惠萍	封面设计	李卫青	版式设计	徐艳妮
责任绘图	黄云燕	责任校对	马鑫蕊	责任印制	朱 琦		

出版发行	高等教育出版社	网　　址	http://www.hep.edu.cn	
社　　址	北京市西城区德外大街 4 号		http://www.hep.com.cn	
邮政编码	100120	网上订购	http://www.hepmall.com.cn	
印　　刷	北京宏伟双华印刷有限公司		http://www.hepmall.com	
开　　本	787mm×1092mm　1/16		http://www.hepmall.cn	
印　　张	17			
字　　数	420 千字	版　　次	2023 年 12 月第 1 版	
购书热线	010-58581118	印　　次	2023 年 12 月第 1 次印刷	
咨询电话	400-810-0598	定　　价	32.80 元	

本书如有缺页、倒页、脱页等质量问题,请到所购图书销售部门联系调换

版权所有　侵权必究

物 料 号　61312-00

前　　言

本书是在张爱梅等主编的《AutoCAD 2015 计算机绘图实用教程》的基础上修订而成的。本书为河南省第一批"十二五"普通高等教育规划教材（教高〔2013〕1075 号）、全国教育科学"十二五"规划课题"我国高校应用型人才培养模式研究"机械类子课题的研究成果，并被评为河南省教材建设奖优秀教材二等奖（教思政〔2021〕144 号）。

本书的前两版分别于 2007 年、2016 年由高等教育出版社出版，均得到了广大读者的认可。据统计，全国有上百所院校采用本书作为教材。在使用过程中，读者反馈了很多信息并提出了宝贵意见，在此表示衷心的感谢。

为了提升课程教学和教材质量，保证课程内容紧跟 CAD 绘图技术的发展，满足广大读者的需求，教材编写组在保持了张爱梅等主编的《AutoCAD 2015 计算机绘图实用教程》的特色、结构体系及相关约定的基础上，结合 Autodesk 公司推出的绘图软件 AutoCAD 2023 版本，对本书进行了全面的修订。

本次修订的内容主要有以下几个方面：

（1）体现新形态教材编写理念。对教材中的主要实例和部分重点、难点录制了讲解视频，学生通过扫描教材中的二维码即可实时观看，拓宽了学生的学习途径。

（2）实现国家标准《CAD 工程制图规则》和课程内容的深度融合。图层、文字和线型的设置以及应用实例（如样板图、零件图）的绘制，一致遵守 CAD 工程制图国家标准的规定。

（3）按最新版本的软件更新教材内容。CAD 绘图技术在不断发展，教材的内容也应相应更新。本次修订依据 AutoCAD 最新版本即 AutoCAD 2023，完成对教材的更新。

（4）调整附录内容。考虑到软件的实操性，附录中删减了 AutoCAD 常用命令别名。

为便于阅读，本书做如下约定：

（1）AutoCAD 2023 的命令行提示使用楷体以区分正文。命令输入时大、小写字母均可，本书中统一采用了大写字母。

（2）采用"↙"符号作为"回车"符号。

（3）叙述中在需要指明下一级菜单时使用"→"符号。

本书由河南省工程图学学会组织郑州大学、华北水利水电大学、河南农业大学、黄河科技学院联合编写。参加本次修订工作的有郑州大学方东阳（第 1 章、第 2 章、第 6 章、第 8 章、第 13 章、附录）、杨炯（第 4 章、第 11 章的 11.8 节），华北水利水电大学袁丽娟（第 7 章和第 9 章），河南农业大学商俊娟（第 11 章的 11.1～11.7 节），黄河科技学院郭会娟（第 5 章和第 10 章）、刘会雪（第 3 章和第 12 章）。本书由方东阳、张爱梅任主编，张爱梅统稿。

中国图学学会常务理事，中国人民解放军陆军炮兵防空兵学院邵立康教授认真审阅了本书，并提出了很多宝贵的意见和建议，在此表示衷心的感谢。在本书的修订过程中，得到了河南省工程图学学会和各参编院校领导的支持和帮助,在此一并表示感谢。

由于编者的水平所限,书中难免有不足之处,敬请广大读者批评指正,编者邮箱:dyfang@zzu.edu.cn。

编　者

2023 年 5 月

目　录

第1章　AutoCAD 绘图基础 ……………… 1

1.1　计算机绘图基本知识 ………… 1
- 1.1.1　计算机绘图系统的硬件组成 ……… 1
- 1.1.2　计算机绘图系统的软件组成 ……… 1

1.2　AutoCAD 2023 概述 ………… 2
- 1.2.1　AutoCAD 2023 的主要功能 …… 2
- 1.2.2　AutoCAD 2023 软件运行的软、硬件环境 …………… 3
- 1.2.3　AutoCAD 2023 的启动及帮助 …… 3

1.3　AutoCAD 2023 的工作空间 … 4
- 1.3.1　选择工作空间 ……………… 4
- 1.3.2　"草图与注释"工作空间界面 … 4
- 1.3.3　"三维基础"和"三维建模"工作空间界面 …………… 11

1.4　图形文件管理 ……………… 12
- 1.4.1　新建图形文件 ……………… 12
- 1.4.2　打开已有的图形文件 ………… 13
- 1.4.3　保存图形文件 ……………… 13

1.5　AutoCAD 2023 的命令及坐标输入 ……………… 15
- 1.5.1　常用的命令激活方式 ………… 15
- 1.5.2　重复和确定命令 …………… 15
- 1.5.3　透明命令 …………………… 16
- 1.5.4　坐标系与坐标输入 …………… 16

习题 …………………………… 17

第2章　二维绘图 ……………… 18

2.1　二维绘图的基本知识 ………… 18
- 2.1.1　设置绘图界限 ……………… 18
- 2.1.2　设置绘图单位 ……………… 18

2.2　绘制点 ……………………… 19
- 2.2.1　设置点的显示样式 …………… 19
- 2.2.2　绘制单点 …………………… 20
- 2.2.3　绘制多点 …………………… 20
- 2.2.4　定数等分对象 ……………… 20
- 2.2.5　定距等分对象 ……………… 21

2.3　绘制直线段、射线和构造线 …… 22
- 2.3.1　绘制直线段 ………………… 22
- 2.3.2　绘制射线 …………………… 22
- 2.3.3　绘制构造线 ………………… 23

2.4　绘制矩形和正多边形 ………… 23
- 2.4.1　绘制矩形 …………………… 23
- 2.4.2　绘制正多边形 ……………… 24

2.5　绘制圆、圆弧、椭圆和椭圆弧 … 25
- 2.5.1　绘制圆 ……………………… 25
- 2.5.2　绘制圆弧 …………………… 26
- 2.5.3　绘制椭圆和椭圆弧 …………… 28

2.6　绘制多线、多段线、样条曲线 … 31
- 2.6.1　绘制多线 …………………… 31
- 2.6.2　绘制多段线 ………………… 33
- 2.6.3　绘制样条曲线 ……………… 35

2.7　绘图实例 …………………… 36

习题 …………………………… 38

第3章　快速精确绘图 …………… 40

3.1　使用捕捉、栅格和正交功能 …… 41
- 3.1.1　设置捕捉和栅格 …………… 41
- 3.1.2　使用 GRID 和 SNAP 命令 …… 42
- 3.1.3　使用正交模式 ……………… 43

3.2 对象捕捉 ……… 43
　3.2.1 打开或关闭对象捕捉模式 43
　3.2.2 对象捕捉的方法 …… 44
　3.2.3 运行和覆盖捕捉模式 … 46
3.3 自动追踪 …… 46
　3.3.1 极轴追踪 …… 46
　3.3.2 对象捕捉追踪 …… 48
3.4 动态输入 …… 48
　3.4.1 启用指针和标注输入 … 48
　3.4.2 显示动态提示 …… 49
3.5 查询 ……… 50
习题 …… 50

第4章 二维图形的编辑 …… 51
4.1 选择对象 …… 51
　4.1.1 设置对象的选择参数 … 51
　4.1.2 选择对象的方法 …… 51
4.2 图形显示 …… 54
　4.2.1 视图缩放 …… 54
　4.2.2 视图平移 …… 55
　4.2.3 视图的重画 …… 55
　4.2.4 视图的重生成 …… 56
4.3 删除与恢复删除 …… 56
　4.3.1 删除 …… 56
　4.3.2 恢复删除 …… 56
4.4 基本变换 …… 57
　4.4.1 移动 …… 57
　4.4.2 旋转 …… 57
　4.4.3 缩放 …… 58
4.5 复制对象的编辑命令 …… 58
　4.5.1 复制 …… 58
　4.5.2 镜像 …… 59
　4.5.3 偏移 …… 59
　4.5.4 阵列 …… 60
4.6 修改对象的形状 …… 63
　4.6.1 修剪与延伸 …… 63
　4.6.2 打断 …… 65

4.6.3 拉伸 …… 65
　4.6.4 拉长 …… 66
　4.6.5 倒角 …… 67
　4.6.6 圆角 …… 68
　4.6.7 分解 …… 68
　4.6.8 合并 …… 69
4.7 夹点模式编辑 …… 70
　4.7.1 控制夹点显示 …… 70
　4.7.2 用夹点模式编辑对象 … 71
4.8 编辑多线等复杂二维图形 … 72
　4.8.1 编辑多线 …… 72
　4.8.2 编辑多段线 …… 74
　4.8.3 编辑样条曲线 …… 75
4.9 图形编辑实例 …… 75
习题 …… 77

第5章 创建文本和表格 …… 79
5.1 字体的要求与配置 …… 79
　5.1.1 字体的要求 …… 79
　5.1.2 字体的配置 …… 79
5.2 文本标注 …… 81
　5.2.1 注写单行文字 …… 81
　5.2.2 注写多行文字 …… 83
5.3 文本编辑 …… 84
　5.3.1 直接利用文本编辑命令 … 84
　5.3.2 双击文本编辑 …… 84
　5.3.3 利用"特性"选项板编辑文本 … 84
5.4 创建表格 …… 85
　5.4.1 设置表格样式 …… 85
　5.4.2 插入表格 …… 86
　5.4.3 编辑表格 …… 87
习题 …… 89

第6章 图案填充 …… 90
6.1 图案填充的概念 …… 90
6.2 图案填充的操作 …… 90
　6.2.1 创建图案填充 …… 90

6.2.2 设置孤岛 …………………… 93
6.2.3 编辑图案填充 ……………… 94
习题 ……………………………………… 95

第 7 章 图层的设置与管理 …………… 97

7.1 图层的概念 ……………………… 97
7.2 规划设置图层 …………………… 97
7.2.1 创建新图层 ………………… 98
7.2.2 设置颜色 …………………… 99
7.2.3 设置线型 …………………… 99
7.2.4 设置线型比例 …………… 100
7.2.5 设置线宽 ………………… 100
7.3 管理图层 ……………………… 101
7.3.1 设置图层特性 …………… 101
7.3.2 切换当前图层 …………… 102
7.3.3 删除图层 ………………… 102
7.3.4 过滤图层 ………………… 103
7.3.5 改变对象所在图层 ……… 103
7.3.6 转换图层 ………………… 105
7.3.7 使用图层工具管理图层 … 106
7.4 对象特性的修改 ……………… 107
7.4.1 修改对象的特性 ………… 108
7.4.2 使用"特性"选项板 ……… 108
7.4.3 对象特性匹配 …………… 109
习题 …………………………………… 111

第 8 章 尺寸标注 …………………… 112

8.1 尺寸标注的规则和组成 …… 112
8.1.1 尺寸标注的规则 ………… 112
8.1.2 尺寸标注的组成 ………… 113
8.2 尺寸标注的样式 ……………… 113
8.2.1 标注样式的设置 ………… 113
8.2.2 新建标注样式 …………… 118
8.2.3 修改、替代及比较标注样式 … 119
8.3 各种标注 ……………………… 120
8.3.1 线性标注和对齐标注 …… 120
8.3.2 半径标注和直径标注 …… 121

8.3.3 角度标注 ………………… 121
8.3.4 基线标注和连续标注 …… 122
8.3.5 快速标注 ………………… 123
8.3.6 快速引线标注 …………… 124
8.3.7 几何公差标注 …………… 126
8.4 编辑标注对象 ………………… 127
8.4.1 编辑标注样式 …………… 127
8.4.2 编辑标注文字的位置 …… 129
8.4.3 编辑标注文字 …………… 130
8.4.4 尺寸关联 ………………… 130
8.5 尺寸标注的技巧与实例 …… 130
8.5.1 尺寸公差的标注 ………… 130
8.5.2 创建标注样板 …………… 132
8.5.3 非常规尺寸的标注 ……… 133
8.5.4 尺寸标注实例 …………… 134
习题 …………………………………… 137

**第 9 章 图块与属性、外部参照和
设计中心** …………………… 138

9.1 图块与属性 …………………… 138
9.1.1 图块的功能 ……………… 138
9.1.2 创建图块 ………………… 138
9.1.3 插入图块 ………………… 140
9.1.4 保存图块 ………………… 142
9.1.5 设置插入基点 …………… 143
9.1.6 属性的定义 ……………… 143
9.1.7 属性的编辑 ……………… 145
9.2 外部参照 ……………………… 148
9.2.1 使用外部参照 …………… 149
9.2.2 编辑外部参照 …………… 150
9.3 设计中心 ……………………… 154
9.3.1 启动设计中心 …………… 154
9.3.2 用设计中心打开图形 …… 155
9.3.3 用设计中心查找及添加信息
到图形中 ………………… 156
习题 …………………………………… 157

第 10 章　三维绘图基础知识·············· 159

10.1　三维坐标系 ·····················159

10.2　三维模型的形式 ···············159

10.3　绘制三维点和三维线 ·········160

　　10.3.1　绘制三维点 ·············160

　　10.3.2　绘制三维线 ·············161

　　10.3.3　设置对象的标高和厚度 ···161

　　10.3.4　绘制螺旋线 ·············162

10.4　用户坐标系 ···················162

　　10.4.1　新建用户坐标系 ········163

　　10.4.2　"UCS"对话框 ·········163

10.5　三维显示功能 ·················165

　　10.5.1　视图 ·····················165

　　10.5.2　视点预设 ···············165

　　10.5.3　使用罗盘设置视点 ·····166

　　10.5.4　三维动态观察 ··········167

10.6　多视口管理 ···················167

　　10.6.1　通过对话框设置多视口 ···168

　　10.6.2　使用命令行设置多视口 ···169

习题 ·····································170

第 11 章　三维实体绘制及应用·········· 171

11.1　绘制三维表面 ·················171

　　11.1.1　绘制平面曲面 ··········171

　　11.1.2　绘制三维平面 ··········171

　　11.1.3　绘制其他三维表面 ·····172

　　11.1.4　三维表面模型的编辑 ···176

11.2　绘制三维实体 ·················180

　　11.2.1　绘制三维基本实体 ·····180

　　11.2.2　由二维对象创建三维实体 ··· 185

11.3　实体编辑 ·····················190

　　11.3.1　实体的布尔运算 ········190

　　11.3.2　对实体倒角和圆角 ·····192

　　11.3.3　剖切实体 ···············193

　　11.3.4　分解实体 ···············194

　　11.3.5　编辑实体的面和边 ·····194

　　11.3.6　实体其他编辑方法 ·····196

11.4　控制实体显示的系统变量 ···197

11.5　体素拼合法绘制三维实体 ···199

11.6　标注三维对象的尺寸 ·········200

11.7　视觉样式与渲染 ···············201

　　11.7.1　视觉样式 ···············202

　　11.7.2　渲染 ·····················203

11.8　AutoCAD 三维模型在 3D 打印
　　　 中的应用 ·····················207

　　11.8.1　3D 打印过程 ···········208

　　11.8.2　3D 打印技术中常用的文件
　　　　　 格式 ·····················209

　　11.8.3　基于 AutoCAD 三维模型的 STL
　　　　　 文件形成及应用实例 ·····210

习题 ·····································212

第 12 章　图形数据输出和打印·········· 213

12.1　数据输出 ·····················213

12.2　布局 ·························214

　　12.2.1　在模型空间与图纸空间之间
　　　　　 切换 ·····················214

　　12.2.2　利用向导创建布局 ·····214

　　12.2.3　布局管理 ···············215

　　12.2.4　页面设置管理 ··········216

12.3　打印样式 ·····················219

　　12.3.1　打印样式表 ···········220

　　12.3.2　使用打印样式 ··········220

12.4　打印图形 ·····················220

　　12.4.1　打印预览 ···············220

　　12.4.2　打印输出图形 ··········221

习题 ·····································223

第 13 章　AutoCAD 绘图综合实例······ 224

13.1　制作样板图 ···················224

　　13.1.1　制作样板图的准则和流程图 ··· 224

　　13.1.2　实例 ·····················225

13.2　绘制二维零件图 ···············231

13.2.1　零件图的内容及其绘制
　　　　流程图 ················ 231
13.2.2　实例 ················ 233
13.3　绘制二维装配图 ············ 244
13.4　绘制三维实体 ············· 247
13.4.1　设置绘图环境 ··········· 247
13.4.2　绘制与编辑图形 ·········· 247
13.4.3　控制三维实体的显示 ······· 250
13.4.4　标注尺寸 ············ 251
13.4.5　设置视觉样式与渲染图形 ····· 253
习题 ······················ 254

附录　AutoCAD 2023 常用快捷键 ······ 259

参考文献 ···················· 261

第 1 章　AutoCAD 绘图基础

　　图样是工程技术人员交流信息的主要工具。随着计算机在工程实践中的广泛应用,使用计算机绘制图样成为工程技术人员应具备的基本素质之一。使用计算机绘图克服了手工绘图效率低、绘图精度差及劳动强度大等缺点。目前,在众多计算机绘图软件中,AutoCAD 是使用最为广泛的一种计算机绘图软件。

1.1　计算机绘图基本知识

　　所谓计算机绘图,是指把数字化了的图样信息通过计算机存储、处理,并使用输出设备将图样显示或打印出来的过程。

　　与一般计算机应用系统一样,计算机绘图系统的运行也需要相应的软、硬件环境。有了相应的运行环境,设计人员就能够使用计算机来绘制、编辑和存储图形。在计算机绘图系统中,计算机绘图软件是系统的核心,而相应的系统硬件设备则为软件的正常运行提供保障。

1.1.1　计算机绘图系统的硬件组成

　　计算机绘图系统的硬件通常是指可以进行计算机绘图作业的独立硬件环境,主要由计算机主机、输入设备(键盘、鼠标、扫描仪等)、输出设备(显示器、绘图仪、打印机等)、存储设备(主要指外存,如硬盘、U 盘等)以及网络设备等组成。

1.1.2　计算机绘图系统的软件组成

　　在计算机绘图系统中,软件是计算机绘图系统的核心,可分为三类,即系统软件、支撑软件和应用软件。

　　1. 系统软件

　　系统软件主要用于计算机的管理、维护、控制、运行,以及计算机程序的编译、装载和运行。系统软件包括操作系统、网络管理系统、计算机语言编译系统等。

　　2. 支撑软件

　　支撑软件是为满足计算机绘图软件正常运行而开发的一些底层、通用软件,主要包括基本图形资源软件、与设备无关的图形设备接口软件、计算机绘图平台等,其中大部分已标准化和商品化。它们的出现和使用,不但提高了计算机绘图软件的开发速度,降低了开发难度,而且初步实现了图形软件的设计与硬件无关。

　　3. 应用软件

　　应用软件是在系统软件和支撑软件的基础上,专门针对某一应用领域而开发的软件。应用软件的出现和使用,解决了用户的个性化需求问题。目前,各类计算机绘图软件都提供多种应用软件接口,便于用户根据绘图工作的需要自行研究开发应用软件。充分发挥已有计算机绘图系统的功能,开发应用软件都是很重要的,也是计算机绘图设计人员应掌握的基本技能。

1.2　AutoCAD 2023 概述

AutoCAD 是由美国 Autodesk 公司开发的通用计算机辅助设计软件平台,具有强大的二维和三维几何建模及编辑功能,目前广泛地应用于机械、建筑、电子等工程设计领域。自 1982 年问世以来,经过不断升级改进,其功能日趋完善,已成为工程设计领域应用最广泛的计算机辅助绘图与设计软件之一。

1.2.1　AutoCAD 2023 的主要功能

1. 绘图功能

AutoCAD 2023 以多种形式(功能区面板、工具栏、菜单栏、命令行等)提供了丰富的绘图命令,使用这些命令可以绘制直线、构造线、多段线、圆、矩形、多边形、椭圆等二维基本图形,圆柱体[①]、球体、长方体等三维基本实体以及三维网格、旋转网格等网格模型。

它是一种交互式的绘图软件,用户可以简单地使用键盘或鼠标点击来激活命令,然后就可以根据系统的提示在绘图区中绘制图形,使得计算机绘图变得简单易学、易用。

2. 编辑图形功能

AutoCAD 2023 具有强大的图形编辑功能。用户使用其修改命令,可以对图形进行复制、平移、旋转、缩放、镜像、阵列等编辑操作,从而绘制复杂的图形,使绘图工作事半功倍。布尔运算等三维编辑功能使得三维复杂实体的生成变得简单。

3. 图形尺寸标注

AutoCAD 2023 提供了一套完整的尺寸标注和编辑命令。在标注时不仅能够自动测量图形的尺寸,而且可以方便地编辑尺寸或修改标注样式,以符合行业或项目标准的要求。标注的对象可以是二维图形,也可以是三维图形。

4. 渲染三维图形

在 AutoCAD 2023 中,用户可以运用雾化、光源和材质等命令将模型渲染为具有真实感的图像。如果仅是为了演示,可以渲染全部对象;如果时间有限,或显示设备和图形设备不能提供足够的灰度等级和颜色,则不必精细渲染;如果只需快速查看设计的整体效果,则可以简单消隐或设置视觉样式。

5. 输出与打印图形

AutoCAD 2023 不仅允许将所绘图形以不同样式通过绘图仪或打印机输出,还能够将不同格式的图形导入 AutoCAD 或将 AutoCAD 图形以其他格式输出。因此,当图形绘制完成之后,可以使用多种方法输出。例如,可以将图形打印在图纸上,或创建成文件以供其他应用程序使用。

---

① AutoCAD 中对于圆柱、圆锥、球等三维实体的表述为"圆柱体""圆锥体""球体"等,本书统一为 AutoCAD 中的表述。

6. 网络传输功能

AutoCAD 2023 具有网络传输功能。使用此功能,用户可以方便地浏览世界各地的网站,获取有用的信息;可以下载需要的图形,也可以将自己绘制的图形通过网络传输出去,以实现多用户对图形资源的共享。

1.2.2　AutoCAD 2023 软件运行的软、硬件环境

AutoCAD 2023 对计算机软件运行环境的要求:64 位 Microsoft Windows 11,或 Microsoft Windows 10,或更高版本。

AutoCAD 2023 对计算机硬件的基本要求:2.5~2.9 GHz 处理器(基本),不支持 ARM 处理器,推荐要求为 3 * GHz 处理器(基本)或 4 * GHz 处理器(涡轮)。内存:8GB(基本),16GB(推荐)。硬盘安装空间 10GB(建议使用 SSD)。显示屏分辨率:传统显示器(1920 ×1080 真彩色),高分辨率和 4K 显示器[分辨率高达 3840 ×2016(使用功能强大的显卡)]。显卡:1 GB GPU,29 GB/s带宽和 DirectX 11 兼容(基本);4 GB GPU,106 GB/s 带宽和 DirectX 12 兼容(推荐)。

1.2.3　AutoCAD 2023 的启动及帮助

启动 AutoCAD 2023 软件后,首先显示的是图 1-1 所示的默认选项卡"开始"界面,其中包含"打开""新建""最近使用的项目""学习""新特性"等选项卡。用户可以单击"开始"右边的"+"创建一个新图形,或者单击左侧的"新建"选项卡,从下拉菜单的"浏览模板"选项选择一个模板开始绘制一张新图。

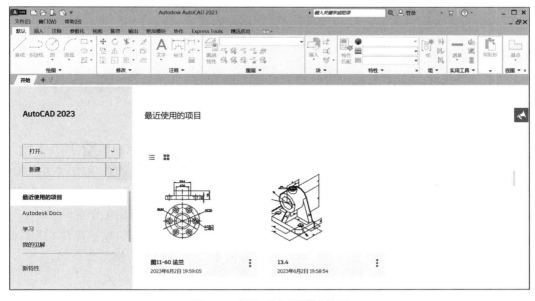

图 1-1　新选项卡"开始"界面

在联网状态下,单击"新特性"选项卡进入 AutoCAD 2023 的"帮助主页"界面,如图 1-2 所示,其中包含新增功能、快速入门和用户手册等指导性内容。用户可以通过新功能概述视频了解AutoCAD 2023 的新增功能。

图 1-2 "帮助主页"界面

1.3 AutoCAD 2023 的工作空间

AutoCAD 2023 为用户提供了"草图与注释""三维基础"和"三维建模"工作空间模式。用户可以根据绘图需要选择切换相应的工作空间,还可以根据需要修改已经定义的工作空间,从而定制更加符合自身特点的工作界面。

1.3.1 选择工作空间

首次启动 AutoCAD 2023,选择开始绘制一张新图后,系统进入默认的"草图与注释"工作空间界面,如图 1-3 所示。

如图 1-4 所示,选择工作空间的方法有以下三种:

1)利用位于"快速访问"工具栏中的"自定义快速访问工具栏"图标按钮▼,打开下拉列表,选择"工作空间"菜单项可显示"工作空间"工具栏☼ 草图与注释 ▼,单击该图标按钮打开下拉列表,即可切换工作空间。

2)单击工作界面右下方的"切换工作空间"图标按钮☼ ▼,即可切换工作空间。

3)单击"自定义快速访问工具栏"图标按钮▼,打开下拉列表,选择"显示菜单栏"菜单项,在菜单栏中选择"工具"→"工作空间"菜单项,在打开的下拉菜单中可切换工作空间。

1.3.2 "草图与注释"工作空间界面

首次启动 AutoCAD 2023 后,单击"自定义快速访问工具栏"图标按钮▼,在下拉列表中选择"工作空间"菜单项,然后再单击图标按钮▼,在下拉菜单中选择"显示菜单栏"菜单项,此时"草图与注释"工作空间界面如图 1-5 所示。该界面主要由"应用程序"图标按钮、"快速访问"工具栏、标题栏、"交互信息"工具栏、菜单栏、功能区、绘图区、命令行、状态栏、导航栏等组成,

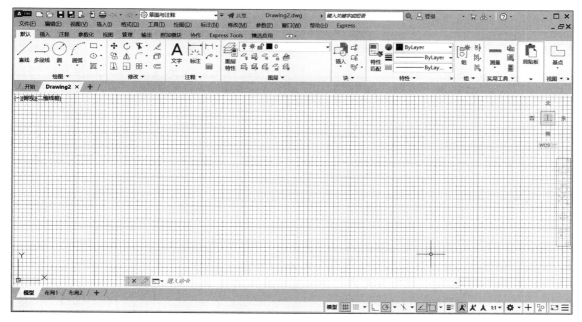

图 1-3 默认的"草图与注释"工作空间界面

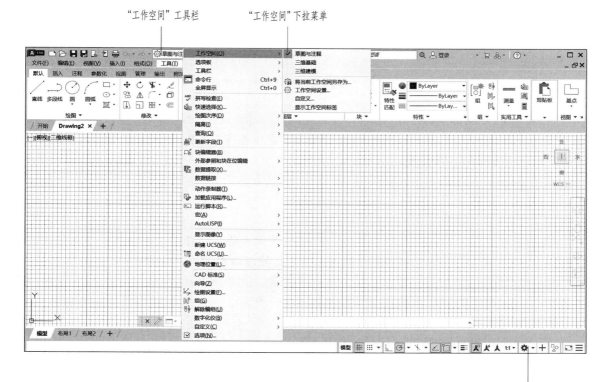

图 1-4 选择工作空间的方法

下面分别介绍。

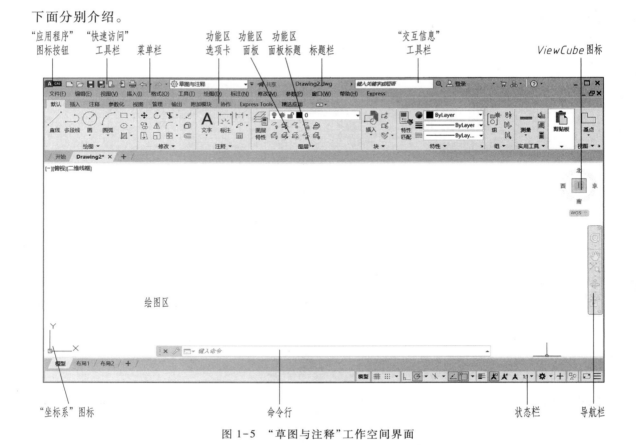

图 1-5 "草图与注释"工作空间界面

1."应用程序"图标按钮

单击"应用程序"图标按钮,打开图 1-6 所示的"应用程序"菜单,在该菜单中可以访问常用工具栏、搜索命令和浏览文件等。

(1)访问常用工具栏

使用常用工具栏中的工具对文件进行操作。

(2)搜索命令

搜索字段可在"应用程序"菜单顶部的"搜索"文本框中输入。搜索结果包括菜单命令、基本工具提示和命令提示文字字符串。可以输入任何语言的搜索术语,在"快速访问"工具栏、"应用程序"菜单和功能区选项卡中执行对命令的实时搜索。例如,要搜索直线命令的相关信息,在"搜索"文本框中输入"line"后回车,搜索结果如图 1-7 所示。

(3)浏览文件

浏览文件用于查看、排序和访问最近打开的文件。

2."快速访问"工具栏

"快速访问"工具栏用于快速方便地访问常用的工具。

3.标题栏

在标题栏中,显示了系统当前正在运行的软件应用程序名称、版本和用户正在使用的图形文

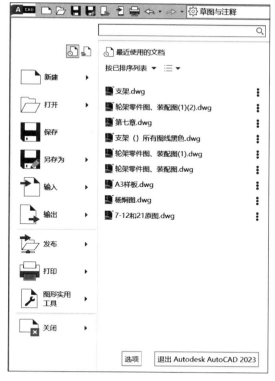

图 1-6　"应用程序"菜单

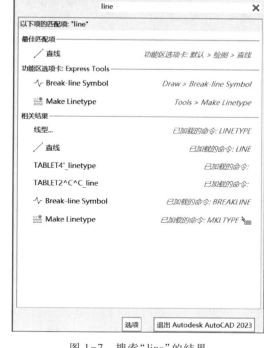

图 1-7　搜索"line"的结果

件等信息。在第一次启动 AutoCAD 2023 时,标题栏显示默认的图形文件名称是"Drawing1.dwg"。

4．"交互信息"工具栏

在连接互联网的条件下,使用搜索功能时可以在互联网上寻求帮助。

5．菜单栏及快捷菜单

菜单栏几乎包括了 AutoCAD 2023 所有操作的功能和命令,由"文件""编辑""视图"等菜单组成。单击任一菜单选项,如"视图",系统将弹出对应的下拉菜单,菜单中的命令有三种类型,如图 1-8 所示。

快捷菜单又称为上下文相关菜单。在绘图区、功能区、状态栏、"模型"与"布局"选项卡以及一些对话框上点击鼠标右键,会弹出一个快捷菜单,该菜单中的命令与 AutoCAD 当前的状态相关。使用它们可以在不启动菜单栏的情况下快速、高效地进行操作,如图 1-9 所示。

6．功能区

功能区是 AutoCAD 2010 版本以后出现的一种选项板,它集合了目前工作空间中与任务相关联的图标按钮和控件,如图 1-10 所示。功能区主要由选项卡、面板、面板标题组成,它包含 AutoCAD 2023 最常用的功能和命令。

（1）浮动面板

用户可以通过单击功能区面板标题名称,并按住鼠标左键不放,将面板拖到任何位置,这时

命令后跟有快捷键，表示使用该快捷键也可以执行该命令

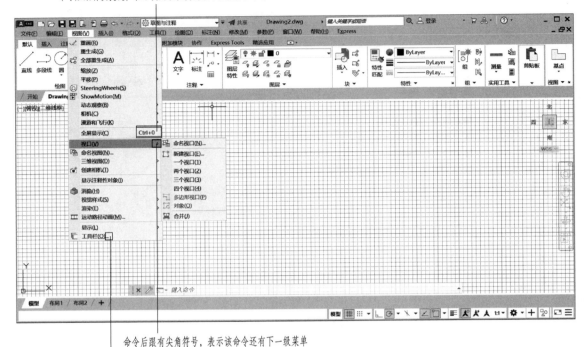

命令后跟有尖角符号，表示该命令还有下一级菜单

命令后跟有"..."，表示执行该命令可以打开一个对话框

图 1-8　AutoCAD 2023 的"视图"菜单

(a) 绘图区　　　　　　　　　(b)"模型"选项卡

图 1-9　AutoCAD 2023 的快捷菜单

面板就成为浮动面板,如图 1-11 中"绘图"浮动面板所示。把鼠标放在浮动面板上就会出现图 1-11 中"图层"浮动面板所示的形式,再将鼠标放在 ■ 处,则出现提示"将面板返回到功能区",单击提示,面板就可回到功能区原来的位置。

（2）面板的展开

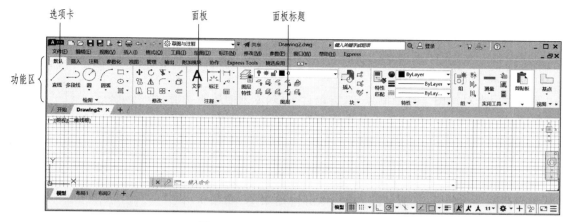

图 1-10　AutoCAD 2023 的功能区

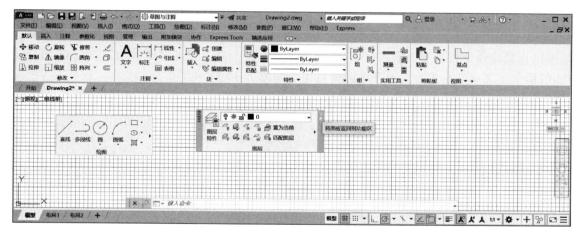

图 1-11　浮动面板

　　用户可以单击面板标题后的三角形符号,或单击浮动面板右侧的三角形符号,面板就会展开显示其他的图标按钮,如图 1-12、图 1-13 所示。

图 1-12　功能区面板的展开

图 1-13　浮动面板的展开

7. 绘图区、十字光标、"坐标系"图标

绘图区是用户绘图的工作区域。绘图区内有一个十字光标(图 1-5 中右下方未完全显示),

随鼠标的移动而移动,它的功能是选择操作对象。十字光标线的长度可以通过执行"工具"→"选项"菜单命令进行调整。

绘图区的左下角是"坐标系"图标,它主要用来显示当前使用的坐标系及坐标方向。

8. 导航栏、ViewCube 图标

导航栏用来对视图进行控制操作,它包含平移、范围缩放等功能,当光标置于导航栏上时,它就变成活动状态,移动光标并单击某个图标按钮便可对视图进行相应的操控。

ViewCube 图标是导航控件,它提供了视口当前方向的视觉反馈。当光标置于 ViewCube 上时,它将变成活动状态,用户根据需要可以进行相应的操作并对 ViewCube 进行设置。其方法是将光标置于 ViewCube 图标上并点击鼠标右键,弹出快捷菜单,如图 1-14 所示,单击该菜单中的选项即可进行相应的操作。

图 1-14　ViewCube 图标的
快捷菜单

9. 命令行

命令行位于绘图区与状态栏之间,用于接收用户输入的命令并显示 AutoCAD 提示的信息。默认情况下命令行是一个固定的窗口,可以在当前命令行提示下输入命令、对象参数等内容。命令行可被拖放为浮动窗口,单击其右边的箭头可显示文本内容。展开的命令行窗口如图 1-15 所示。

```
指定圆的圆心或 [三点(3P)/两点(2P)/切点、切点、半径(T)]:
指定圆的半径或 [直径(D)]:
命令:
命令:
命令: _rectang
指定第一个角点或 [倒角(C)/标高(E)/圆角(F)/厚度(T)/宽度(W)]:
指定另一个角点或 [面积(A)/尺寸(D)/旋转(R)]:
命令:
命令: _.erase 找到 1 个
命令:
命令: _.erase 找到 1 个
键入命令
```

图 1-15　展开的命令行窗口

在命令行窗口中点击鼠标右键,AutoCAD 将显示一个快捷菜单,如图 1-16 所示。通过它可以选择最近使用过的 6 个命令、复制选定的文字或全部命令记录、粘贴文字,以及打开"选项"对话框。

10. 状态栏

状态栏位于工作空间界面的最下方,用来显示 AutoCAD 当前的状态,如当前光标的坐标、绘图辅助工具、导航工具及用于快速查看和注释缩放的工具等。单击这些图标按钮,可以实现这些功能的开和关。这些图标按钮的使用方法融入相关章节介绍,此处省略。

图 1-16　命令行快捷菜单

11. 工具栏

工具栏是 AutoCAD 2010 以前版本中调用命令的一种主要方式,单击其上的图标按钮,即可执行相应的命令。在 AutoCAD 2023 中,系统共提供了 50 多个已命名的工具栏。习惯使用工具栏的用户可以打开工具栏,打开方法是选择菜单栏"工具"→"工具栏"→"AutoCAD"菜单项,在其后的菜单中单击所需工具栏的名称即可调出工具栏,如图 1-17 所示。该图中显示了打开的"绘图""修改"和"对象捕捉"工具栏。工具栏可以在绘图区固定或浮动显示,通过拖动可以改变工具栏的位置,将工具栏拖动到绘图区边界时可使其成为固定工具栏,将工具栏拖动到绘图区中时就成为浮动工具栏。对于浮动工具栏,用户可以单击工具栏右上方的■按钮关闭该工具栏。

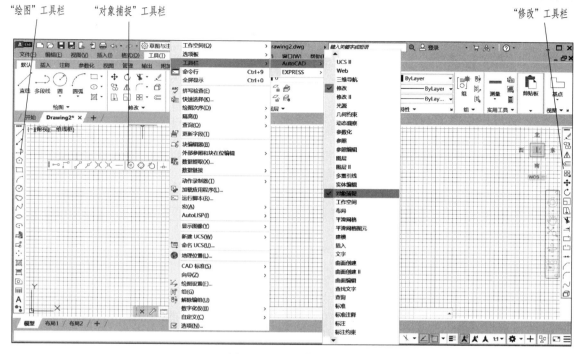

图 1-17　工具栏的调用

1.3.3　"三维基础"和"三维建模"工作空间界面

1.　"三维基础"工作空间

"三维基础"工作空间与"草图与注释"工作空间的界面构成一样,不同的是其功能区选项卡和面板主要是针对三维基础建模的任务而设定的,如图 1-18 所示。

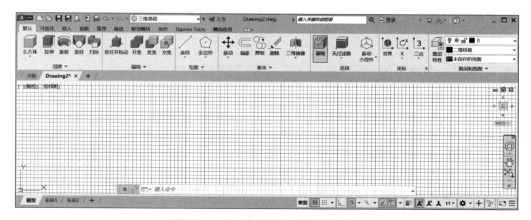

图 1-18　"三维基础"工作空间界面

2."三维建模"工作空间

"三维建模"工作空间是为三维建模的任务而设定的界面,该界面如图 1-19 所示。

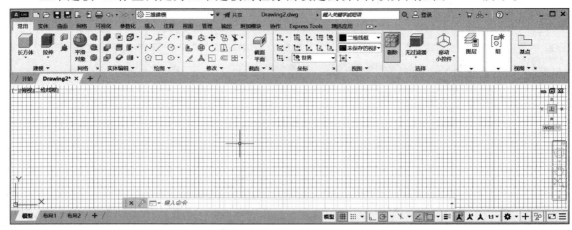

图 1-19 "三维建模"工作空间界面

1.4 图形文件管理

在 AutoCAD 2023 中,图形文件管理的内容主要包括新建和打开图形文件、保存图形文件等。下面分别介绍。

1.4.1 新建图形文件

创建一个新的图形文件,开始绘制一张新图。

打开 AutoCAD 2023 后,系统会自动新建一个名为"Drawing1.dwg"的图形文件。另外,用户可以根据需要选择是否用样板来创建文件。

1.命令激活方式

"应用程序"图标按钮: [A CAD]→新建→图形

"快速访问"工具栏: [图标]

命令行:NEW

菜单栏:文件→新建

2.操作步骤

激活命令后弹出"选择样板"对话框,如图 1-20 所示。

在"选择样板"对话框中,用户可以在样板列表框中选择某一个样板文件,这时在右侧的"预览"框中将显示出该样板的预览图像,单击"打开"按钮,可以将选中的样板文件作为样板来创建新图形。

单击"打开"按钮右侧的三角形符号,弹出一个下拉菜单,如图 1-21 所示。各选项的说明如下。

1)"打开":新建一个由样板打开的绘图文件;

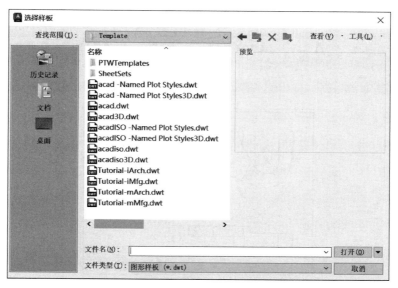

图 1-20 "选择样板"对话框

图 1-21 "打开"下拉菜单

2)"无样板打开-英制":新建一个英制的无样板打开的绘图文件;

3)"无样板打开-公制":新建一个米制的无样板打开的绘图文件。

1.4.2 打开已有的图形文件

打开已有的图形文件,以便于继续绘图或进行其他操作。

在 AutoCAD 2023 中,打开图形文件的方法同上述创建新图形文件类似,这里不再叙述。图 1-22 所示是执行打开文件操作后打开的"支架.dwg"图形文件。

用户启动运行一次 AutoCAD 软件可以打开多个图形文件,以方便在它们之间传输信息。这时可以通过层叠、水平平铺、垂直平铺的方式来排列图形窗口以便操作。图 1-23 所示为水平平铺的窗口。

1.4.3 保存图形文件

将图形文件保存起来,以备后用。

在 AutoCAD 2023 中,保存现有图形文件的方法同上述创建新图形文件类似,这里不再叙述。

执行保存文件命令后,若文件已命名,则系统自动保存文件;若文件没命名即为默认的"Drawing1.dwg",则系统弹出图 1-24 所示的"图形另存为"对话框。在该对话框中,可以选择保存路径、为图形文件命名。默认情况下,文件以"AutoCAD 2018 图形(＊.dwg)"格式保存,也可以在"文件类型"下拉列表中选择其他格式或版本。

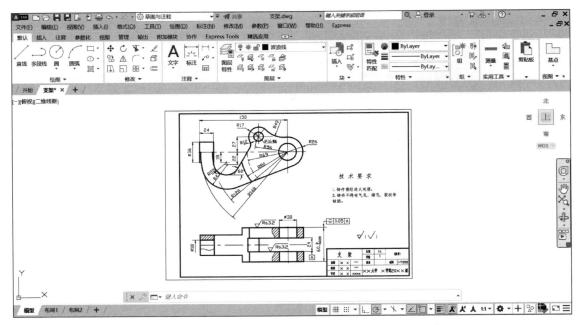

图 1-22 执行打开文件操作后打开的"支架.dwg"图形文件

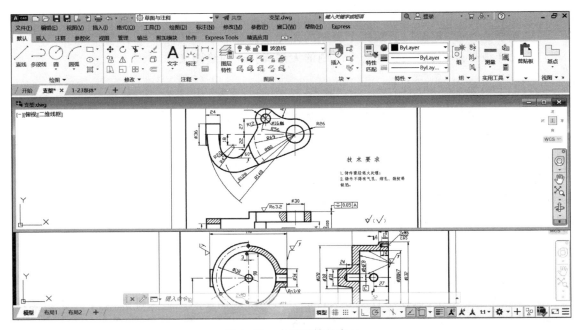

图 1-23 水平平铺的窗口

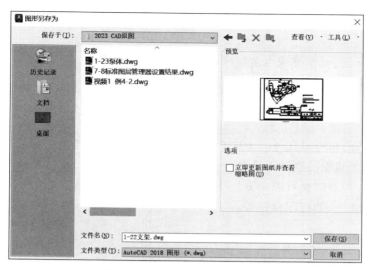

图 1-24 "图形另存为"对话框

1.5 AutoCAD 2023 的命令及坐标输入

1.5.1 常用的命令激活方式

AutoCAD 2023 提供了如下 4 种常用的命令激活方式。

1. 命令行输入

在命令行输入命令的全名或别名后按 Enter 键,即可激活命令。这时命令行将出现提示信息或指令,可以根据提示进行相应的操作。

命令行输入命令是 AutoCAD 最基本的命令激活方式,所有的命令都可以通过命令行输入激活。

2. 利用菜单栏或快捷菜单

利用菜单栏或快捷菜单来激活命令是更方便快捷的命令激活方式。

3. 利用功能区

通过单击功能区面板中的图标按钮等操作来激活命令,这种方式比菜单栏等输入方式更加便利快捷。

4. 利用工具栏图标按钮

单击工具栏上的图标按钮来激活命令。

在实际绘图时,可以采用上述任意一种方式激活命令。但熟悉命令后,应尽可能采用方便快捷的方式激活命令,以提高设计绘图的效率。

1.5.2 重复和确定命令

1. 重复命令

要重复执行上一个命令,可以按 Enter 键、空格键或在绘图区中点击鼠标右键,在弹出的快捷菜单中选择"重复"菜单项。

2. 确定命令

可以使用 Enter 键、空格键或点击鼠标右键来确定命令。

注意：在命令执行过程中，可以随时按 Esc 键终止任何命令。

1.5.3　透明命令

所谓透明命令，是指可以在另一个命令执行期间插入执行的命令。常使用的透明命令多为修改图形设置的命令和绘图辅助工具命令，例如视图的平移、缩放命令，捕捉和正交等命令。透明命令执行完成后，将继续执行原命令。使用透明命令时需要注意不能嵌套使用透明命令，有的命令不能使用透明命令，如打印命令等。

1.5.4　坐标系与坐标输入

在绘制二维图形过程中，一般使用直角坐标系或极坐标系输入坐标值。对于这两种坐标系，都可以输入绝对坐标或相对坐标。

1. 直角坐标系

直角坐标系也称笛卡儿坐标系，它有 X、Y 和 Z 轴，且任意两轴之间都是互相垂直相交的。输入直角坐标时，需要给出点相对于坐标原点或相对点的距离和方向。

二维绘图就是在 XY 平面上绘图，X 轴为水平方向，Y 轴为竖直方向，两轴的交点为坐标原点。默认情况下，坐标原点位于绘图区的左下角。

2. 极坐标系

极坐标系使用距离和角度来定位点。输入极坐标时，需要给出点相对于极坐标原点或相对点的距离和该点与原点或相对点之间的连线与 X 轴正向之间的夹角，默认情况下，逆时针方向旋转为正，顺时针方向旋转为负。

3. 坐标输入形式

如图 1-25 所示，可采用绝对直角坐标、绝对极坐标、相对直角坐标和相对极坐标 4 种方法来输入点的坐标。在直角坐标系中，AutoCAD 要求以"x，y"或"@ Δx，Δy"的形式给出点的绝对坐标或相对坐标；而在极坐标系中，则要以"距离 < 角度"或"@ 距离 < 角度"的形式给出点的绝对极坐标或相对极坐标，绝对极坐标中的"距离"是指点与坐标原点之间的距离，"角度"是指点和坐标原点的连线与 X 轴的夹角，相对极坐标中的"距离"是指点与上一点之间的距离，"角度"是点和上一点的连线与 X 轴的夹角。

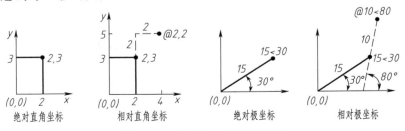

图 1-25　坐标的 4 种输入形式

习　题

1. 什么是计算机绘图？计算机绘图系统的软、硬件组成是什么？
2. 怎样新建、打开、保存一个图形文件？
3. AutoCAD 2023 的"草图与注释"工作空间界面包括哪些内容？其主要功能是什么？
4. 针对 4 种常用的命令激活方式进行练习操作。

第 2 章 二 维 绘 图

二维绘图是指在二维平面内进行绘图。任何复杂的二维图形都可以分解成简单的点、直线、圆、矩形及多边形等基本图形。使用 AutoCAD 2023 中的相关命令,可以方便地绘制出这些基本图形。本章主要介绍利用 AutoCAD 2023 绘制二维图形的基本知识及其绘图功能。

2.1 二维绘图的基本知识

2.1.1 设置绘图界限

使用设置绘图界限功能,可以控制在设定界限内进行绘图。

1. 命令激活方式

命令行:LIMITS

菜单栏:格式→图形界限

2. 操作步骤

激活命令后,在命令行将显示如下提示:

重新设置模型空间界限:

指定左下角点或[开(ON)/关(OFF)]<0.0000,0.0000>:(输入左下角点的坐标)↙

指定右上角点 <420.0000,297.0000>:(输入右上角点的坐标)↙

执行结果:设置了一个以左下角点和右上角点为对角点的矩形绘图界限。默认时,设置的是 A3 图幅的绘图界限。

在"指定左下角点或[开(ON)/关(OFF)]<0.0000,0.0000>:"的提示下,若选择"开(ON)",则只能在设定的绘图界限内绘图;若选择"关(OFF)",则绘图没有界限限制。默认状态下,为"关"状态。

2.1.2 设置绘图单位

绘图单位包括绘图时所使用的长度单位、角度单位以及显示单位的格式和精度。

1. 命令激活方式

命令行:UNITS 或 UN

菜单栏:格式→单位

2. 操作步骤

激活命令后,弹出如图 2-1 所示的"图形单位"对话框。可对该对话框中相应的内容进行设置。

"图形单位"对话框中部分选项说明如下。

1)"长度"选项区域:可以设置绘图的长度类型和精度。在"类型"下拉列表中有"小数""分数""工程""建筑"及"科学"五个选项可供选择。其中"工程"和"建筑"长度类型采用英制单位。在"精度"下拉列表中可以设置长度值显示时所采用的小数位数或分数大小。

2)"角度"选项区域:可以设置绘图的角度类型和精度。在"类型"下拉列表中有"十进制度数""百分度""度/分/秒""弧度"及"勘测单位"五个选项可供选择。在"精度"下拉列表中可以设置当前角度显示的精度。

3)"插入时的缩放单位"选项区域:可以设置插入到当前图形中的块和图形的测量单位。

4)"输出样例"选项区域:给出了当前设置下的长度和角度显示的样例。

5)"顺时针"复选框:可以设置角度增加的正方向。默认情况下,逆时针方向为角度增加的正方向。单击"方向"按钮,可以打开如图 2-2 所示的"方向控制"对话框,设置起始角度(0°)的方向。

6)"光源"选项区域:控制当前图形中光源强度的测量单位。

图 2-1 "图形单位"对话框

图 2-2 "方向控制"对话框

2.2 绘制点

在 AutoCAD 2023 中,可以通过"单点""多点""定数等分"和"定距等分"4 种方法创建点对象。

2.2.1 设置点的显示样式

1. 命令激活方式

功能区:默认→实用工具→

命令行:DDPTYPE

菜单栏:格式→点样式

2. 操作步骤

激活命令后,弹出如图 2-3 所示的"点样式"对话框。从中可以对点样式和点大小进行设置。点的样式共有 20 种,可以任选一种。默认情况下,是小圆点样式。

如果选择了"按绝对单位设置大小"单选项,则"点大小"文本框中的值表示的是当前状态下点的绝对大小;如果选择了"相对于屏幕设置大小"单选项,则该值代表的是当前状态下点的尺寸相对于绘图区高度的百分比。

图 2-3 "点样式"对话框

2.2.2 绘制单点

执行一次绘制单点命令,只能绘制一个点。

1. 命令激活方式

命令行:POINT 或 PO

菜单栏:绘图→点→单点

2. 操作步骤

激活命令后,命令行提示:

当前点模式:PDMODE = 0 PDSIZE = 5.0000

指定点:(输入点的坐标)↙

执行结果:在指定位置绘制了一个点,此时命令行将回到原始状态。

在绘制点时,命令行提示的两个系统变量 PDMODE 和 PDSIZE 分别显示了当前状态下点的样式和大小。其中,系统变量 PDSIZE 的值与图 2-3 中"点大小"文本框中的值对应。

2.2.3 绘制多点

执行一次绘制多点命令,可以连续绘制点。

1. 命令激活方式

功能区:默认→绘图→

菜单栏:绘图→点→多点

工具栏:绘图→

2. 操作步骤

激活命令后,命令行提示:

当前点模式:PDMODE = 0 PDSIZE = 5.0000

指定点:(输入点的坐标)↙

执行结果:在指定位置绘制了一个点,此后命令行状态保持不变,可以继续绘制点。一次可绘制多个点,直到按 Esc 键结束命令。

2.2.4 定数等分对象

定数等分对象是指在指定的对象上按照指定数目绘制等分点或者在等分点处插入块。

1. 命令激活方式

功能区:默认→绘图→

命令行:DIVIDE 或 DIV

菜单栏:绘图→点→定数等分

2.操作步骤

激活命令后,命令行提示:

选择要定数等分的对象:(选择要等分的对象)

输入线段数目或[块(B)]:(输入从 2 到 32 767 的值,或输入选项)↙

各选项说明如下。

1)"输入线段数目":沿选定对象等间距放置点对象,如图 2-4 所示。

2)"块(B)":沿选定对象以相等间距放置图块。

如果要在等分点上放置图块,输入"B↙",命令行提示:

输入要插入的块名:(输入图形中当前定义的块名)↙

是否对齐块和对象?[是(Y)/否(N)]<Y>:(输入"Y"或"N")↙

输入线段数目:(输入从 2 到 32 767 的值)↙

第二行提示的选项说明如下。

1)"是(Y)":指定插入块的 X 轴方向与定数等分对象在定数等分点相切或对齐。

2)"否(N)":插入块时保持原来的方向。

如图 2-5 所示,一条圆弧被一个块定数等分为五段,此块是由一个椭圆组成的。

选择多段线　　　五等分　　　　　　　　块未对齐　　　块已对齐

图 2-4　用点定数等分对象　　　　　图 2-5　用块定数等分对象

在使用该命令时应注意以下两点:

1)因为输入的是等分数,而不是放置点的个数,所以如果将所选对象分成 N 份,则实际上只生成 $N-1$ 个点。

2)每次只能对一个对象操作,而不能对一组对象操作。

2.2.5　定距等分对象

定距等分对象是指在指定的对象上按照指定长度绘制等分点或者在等分点处插入块。

1.命令激活方式

功能区:默认→绘图→

命令行:MEASURE 或 ME

菜单栏:绘图→点→定距等分

2.操作步骤

激活命令后,命令行提示:

选择要定距等分的对象:

指定线段长度或［块（B）］:（输入长度值或指定一段距离或输入"B"）↙

"块（B）"选项与 DIVIDE 命令中的功能相同。

如图 2-6 所示,一条多段线被定距等分。

在使用该命令时应注意以下两点:

1）放置点的位置从离对象选取点较近的端点开始。

2）如果对象总长不能被所选长度整除,则最后一个放置点到对象末端点的距离将不等于所选长度。

图 2-6　定距等分对象

2.3　绘制直线段、射线和构造线

2.3.1　绘制直线段

通过确定直线段的两个端点可以绘制直线段。

1. 命令激活方式

功能区:默认→绘图→

命令行:LINE 或 L

菜单栏:绘图→直线

工具栏:绘图→

2. 操作步骤

激活命令后,命令行提示:

指定第一个点:（指定第一点）↙

指定下一点或［放弃（U）］:（指定下一点）↙

指定下一点或［放弃（U）］:（指定下一点）

指定下一点或［闭合（C）/放弃（U）］:（指定下一点或输入选项）↙

执行结果:绘制连续的直线段。若输入选项"C",则下一点自动回到起始点,形成封闭图形;若输入选项"U",则取消上一步操作。

在使用该命令时应注意以下两点:

1）只有在绘制了两条以上的线段之后,才能使用"闭合（C）"选项。

2）一次输入"U"将放弃直线序列中最后绘制的线段,多次输入"U"将按绘制次序的逆序逐个放弃线段。

2.3.2　绘制射线

射线是一端固定,向另一端无限延伸的直线,主要用作辅助线。

1. 命令激活方式

功能区:默认→绘图→

命令行:RAY

菜单栏:绘图→射线

2. 操作步骤

激活命令后,按照命令行提示依次指定射线的起点和通过点即可绘制一条射线。在指定射线的起点后,可指定多个通过点,绘制以起点为端点的多条射线,直到按 Esc 键或 Enter 键退出为止。

2.3.3 绘制构造线

构造线是经过两个点的无限延伸的直线,其主要用作辅助线。

1. 命令激活方式

功能区:默认→绘图→↗

命令行:XLINE 或 XL

菜单栏:绘图→构造线

工具栏:绘图→↗

2. 操作步骤

激活命令后,命令行提示:

指定点或[水平(H)/垂直(V)/角度(A)/二等分(B)/偏移(O)]:(指定点或输入选项)↙

各选项说明如下。

1)"指定点":绘制通过两个点的构造线。

2)"水平(H)":绘制通过选定点的水平方向构造线。

3)"垂直(V)":绘制通过选定点的竖直方向构造线。

4)"角度(A)":绘制和水平方向成一定角度的构造线。

5)"二等分(B)":绘制一个角的角平分线。

6)"偏移(O)":绘制平行于另一个直线对象的构造线。

2.4 绘制矩形和正多边形

2.4.1 绘制矩形

AutoCAD 中可以绘制带有倒角、圆角、厚度及宽度等的多种矩形,如图 2-7 所示。

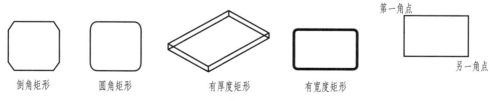

倒角矩形　　圆角矩形　　有厚度矩形　　有宽度矩形

图 2-7　矩形的各种样式

1. 命令激活方式

功能区:默认→绘图→▢

命令行:RECTANGLE 或 REC

菜单栏:绘图→矩形

工具栏:绘图→□

2. 操作步骤

激活命令后,命令行提示:

指定第一个角点或[倒角(C)/标高(E)/圆角(F)/厚度(T)/宽度(W)]:(输入第一个角点)↙

指定另一个角点或[面积(A)/尺寸(D)/旋转(R)]:

默认情况下,指定两个点决定矩形对角点的位置,它的边平行于当前坐标系的 X 和 Y 轴。也可以选择"面积(A)"选项,通过指定矩形的面积和长度(或宽度)绘制矩形;也可以选择"尺寸(D)"选项,通过指定矩形的长度、宽度和矩形另一个角点的方向绘制矩形;也可以选择"旋转(R)"选项,通过指定旋转的角度和拾取两个参考点绘制矩形。该命令提示中其他各选项说明如下。

1)"倒角(C)":绘制一个带倒角的矩形,此时需要指定矩形的两个倒角边的长度。

2)"标高(E)":指定矩形所在的平面高度。默认情况下,矩形在 XY 平面内。该选项一般用于三维绘图。

3)"圆角(F)":绘制一个带圆角的矩形,此时需要指定矩形的圆角半径。

4)"厚度(T)":按设定的厚度绘制矩形,该选项一般用于三维绘图。

5)"宽度(W)":按设定的线宽绘制矩形,此时需要指定矩形的线宽。

2.4.2　绘制正多边形

绘制正多边形的情况如图 2-8 所示。

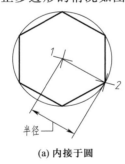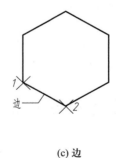

(a) 内接于圆　　　　　　　　　　(b) 外切于圆　　　　　　　　　　(c) 边

图 2-8　绘制正多边形的情况

1. 命令激活方式

功能区:默认→绘图→□▾→⬠

命令行:POLYGON 或 POL

菜单栏:绘图→正多边形

工具栏:绘图→⬠

2. 操作步骤

激活命令后,命令行提示:

输入侧面数<当前值>:(输入一个 3 到 1 024 之间的数值)↙

指定正多边形的中心点或[边(E)]:

默认情况下,定义正多边形的中心点后,可以使用正多边形的外接圆或内切圆来绘制正多边形。使用内接于圆要指定外接圆的半径,正多边形的所有顶点都在圆周上。使用外切于圆要指定正多边形中心点到各边中点的距离。

如果在命令行的提示下选择"边(E)"选项,可以以指定的两个点作为正多边形一条边的两个端点来绘制多边形。AutoCAD 2023 总是从第 1 个端点到第 2 个端点,沿这两点确定的方向绘制出正多边形。

2.5 绘制圆、圆弧、椭圆和椭圆弧

2.5.1 绘制圆

1. 命令激活方式

功能区:默认→绘图→⊘

命令行:CIRCLE 或 C

菜单栏:绘图→圆

工具栏:绘图→⊘

2. 操作步骤

激活命令后,命令行提示:

指定圆的圆心或[三点(3P)/两点(2P)/切点、切点、半径(T)]:

各选项说明如下。

1)"指定圆的圆心":基于圆心和直径(或半径)绘制圆,如图 2-9a、b 所示。

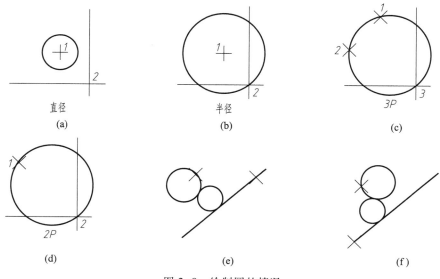

图 2-9 绘制圆的情况

2)"三点(3P)":基于圆周上的三点绘制圆,如图 2-9c 所示。

3)"两点(2P)":基于圆直径上的两个端点绘制圆,如图 2-9d 所示。

4)"切点、切点、半径(T)":基于指定半径和两个与圆相切的对象绘制圆,如图 2-9e、f 所示。相切对象可以是圆、圆弧或直线。使用该选项时应注意,系统总是在距拾取点最近的部位绘制相切的圆,因此拾取相切对象时,拾取的位置不同,得到的结果可能也不相同,如图 2-9e 和 f 所示。

当然,绘制圆也可以直接使用"默认"功能区中的对应图标按钮,如图 2-10 所示,或调用"绘图"菜单中的对应菜单,如图 2-11 所示。图 2-10 和图 2-11 中的相切、相切、相切选项可画与三条线相切的圆。

图 2-10 功能区绘制圆的图标按钮

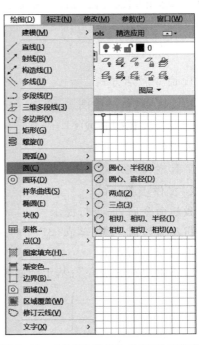

图 2-11 "绘图"菜单中的"圆"子菜单

2.5.2 绘制圆弧

1. 命令激活方式

功能区:默认→绘图→

命令行:ARC 或 A

菜单栏:绘图→圆弧

工具栏:绘图→

2. 操作步骤

AutoCAD 提供了以圆弧的起点或圆弧的中心为基准绘制圆弧的多种方法。

(1)通过指定圆弧的起点绘制圆弧

激活命令后,命令行提示:

　指定圆弧的起点或[圆心(C)]:(指定圆弧的起点)↙

　指定圆弧的第二个点或[圆心(C)/端点(E)]:(指定圆弧的第二点)↙

　指定圆弧的端点:(指定圆弧的端点)

执行结果如图 2-12a 所示。

注意:如果未指定点就按 Enter 键,AutoCAD 2023 将把最后绘制的直线或圆弧的端点作为起点,并立即提示指定新圆弧的端点。这将创建一条与最后绘制的直线或圆弧相切的圆弧。

1)若不指定圆弧的第二点,而选择了"圆心(C)"选项,则命令行接着提示:

　指定圆弧的圆心:(指定圆弧的圆心)↙

　指定圆弧的端点(按住 Ctrl 键以切换方向)或[角度(A)/弦长(L)]:

选项说明如下。

①"指定圆弧的端点":已知圆心,从起点向端点逆时针绘制圆弧。按住 Ctrl 键,则从起点向端点顺时针绘制圆弧。该端点将落在圆心到结束点的一条假想射线上,如图 2-12b 所示。圆弧并不一定经过端点。

②"角度(A)":指定一个角度值。使用圆心,从起点按指定包含角逆时针绘制圆弧,如图 2-12c 所示。按住 Ctrl 键,则从起点按指定包含角顺时针绘制圆弧。如果输入角度为负,则顺时针绘制圆弧。

③"弦长(L)":指定一个长度值。如果弦长为正,将使用圆心和弦长计算端点角度,并从起点开始逆时针绘制一条劣弧,如图 2-12d 所示。按住 Ctrl 键,则从起点向端点顺时针绘制一条优弧。如果输入弦长为负,则逆时针绘制一条优弧。

2)若不指定圆弧的第二点,而选择了"端点(E)"选项,则命令行提示:

　指定圆弧的端点:(指定圆弧的端点)↙

　指定圆弧的中心点(按住 Ctrl 键以切换方向)或[角度(A)/方向(D)/半径(R)]:

各选项说明如下。

①"指定圆弧的中心点":使用圆心,从起点向端点逆时针绘制圆弧。实际的圆弧中心点(即圆心)将落在指定圆心到指定的圆弧端点的一条假想射线上,如图 2-12e 所示。按住 Ctrl 键,则从起点向端点顺时针绘制圆弧。

②"角度(A)":按指定包含角从起点向端点逆时针绘制圆弧,如图 2-12f 所示。按住 Ctrl 键,则按指定包含角从起点向端点顺时针绘制圆弧。如果输入角度为负,则顺时针绘制圆弧(顺弧)。

③"方向(D)":绘制圆弧在起点处与指定方向相切,如图 2-12g 所示。将绘制任何从起点开始到端点结束的圆弧,而不考虑是劣弧还是优弧或是顺弧还是逆弧。AutoCAD 2023 将从起点确定该方向。

④"半径(R)":从起点向端点逆时针绘制一条劣弧,如图 2-12h 所示。按住 Ctrl 键,则从起点向端点顺时针绘制一条优弧。如果输入半径为负,则绘制一条优弧。

(2)通过指定圆弧的圆心绘制圆弧

激活命令后,命令行提示:

　指定圆弧的起点或[圆心(C)]:C↙

　指定圆弧的圆心:(指定圆弧的圆心)↙

指定圆弧的起点:(指定圆弧的起点)↙

指定圆弧的端点(按住Ctrl键以切换方向)或 [角度(A)/弦长(L)]:

各选项说明如下。

① "指定圆弧的端点":已知圆心,从起点向端点逆时针绘制圆弧,如图2-12b所示。实际圆弧的端点将落在圆心到指定点的一条假想射线上。按住Ctrl键,则从起点向端点顺时针绘制圆弧。

② "角度(A)":已知圆心,从起点按指定包含角逆时针绘制圆弧,如图2-12c所示。如果输入角度为负,将顺时针绘制圆弧。按住Ctrl键,则从起点按指定包含角顺时针绘制圆弧。

③ "弦长(L)":如果输入弦长为正,AutoCAD 2023将使用圆心和弦长计算端点角度,并从起点开始逆时针绘制一条劣弧,如图2-12d所示。按住Ctrl键,则从起点向端点顺时针绘制一条优弧。如果输入弦长为负,将逆时针绘制一条优弧。

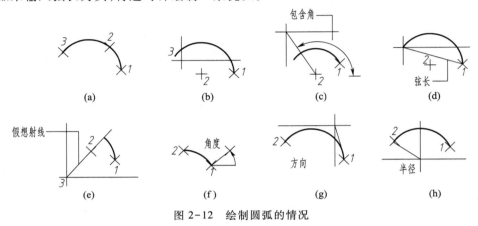

图2-12 绘制圆弧的情况

当然,绘制圆弧可以直接使用"默认"功能区中的对应图标按钮,如图2-13所示,或使用"绘图"菜单中对应的菜单,如图2-14所示。"圆弧"子菜单中的"继续"选项,是画与前一个圆弧相切的圆弧,如四心圆法画轴测图中的圆。

2.5.3 绘制椭圆和椭圆弧

1. 命令激活方式

功能区:默认→绘图→⊙、◯、⊙

命令行:ELLIPSE 或 EL

菜单栏:绘图→椭圆

工具栏:绘图→⊙

2. 操作步骤

AutoCAD 2023提供了以椭圆(弧)轴的端点、中心点绘制椭圆(弧)的多种方法。

(1) 通过指定椭圆的端点绘制椭圆

激活命令后,命令行提示:

指定椭圆的轴端点或[圆弧(A)/中心点(C)]:(指定椭圆轴的端点)↙

指定轴的另一个端点:(指定椭圆轴的另一个端点)↙

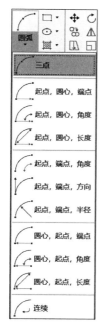

图 2-13 功能区绘制圆弧的图标按钮

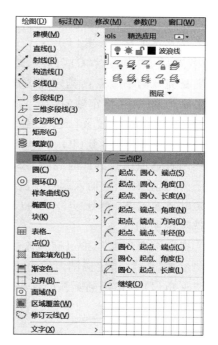

图 2-14 "绘图"菜单中的"圆弧"子菜单

指定另一条半轴长度或[旋转(R)]:

各选项说明如下。

①"指定另一条半轴长度":用来定义第二条轴的长度,即从椭圆(弧)中心点(即第一条轴的中点)到指定点的距离。

②"旋转(R)":选择该选项后,可通过指定绕第一条轴旋转的角度定义椭圆的长、短轴比例。该值越大,短轴的长度与长轴的长度相差就越大。输入"0"则定义了一个圆。

绘制的椭圆如图 2-15a 所示。

(2)通过指定椭圆的中心点绘制椭圆

激活命令后,命令行提示:

指定椭圆的轴端点或[圆弧(A)/中心点(C)]:C✓

指定椭圆的中心点:(指定椭圆的中心点)✓

指定轴的端点:(指定轴的端点)✓

指定另一条半轴长度或[旋转(R)]:

两个选项说明同上。

(3)绘制椭圆弧

激活命令后,命令行提示:

指定椭圆的轴端点或[圆弧(A)/中心点(C)]:A✓(输入 A,创建椭圆弧)

指定椭圆弧的轴端点或[中心点(C)]:

1)若直接输入椭圆弧的轴端点,则命令行提示:

指定轴的另一个端点:(指定轴的另一个端点)✓

指定另一条半轴长度或［旋转（R）］：（指定另一条半轴长度）↙

指定起点角度或［参数（P）］：

2）若选择了"中心点（C）"选项，则命令行提示：

指定椭圆弧的中心点：（指定椭圆弧的中心点）↙

指定轴的端点：（指定轴的端点）↙

指定另一条半轴长度或［旋转（R）］：（指定另一条半轴的长度）↙

指定起点角度或［参数（P）］：

上述两种选项执行到此时，在绘图区已绘制了一个椭圆，如图 2-15b 所示。

接下来，若在命令行输入起点角度并回车，则命令行提示：

指定端点角度或［参数（P）/夹角（I）］：

各选项说明如下。

① "指定端点角度"：指定椭圆弧的端点角度确定终点方向。

② "参数（P）"：指定椭圆弧的终止参数。

③ "夹角（I）"：指定椭圆弧的起点方向与终点方向之间所夹的角度。

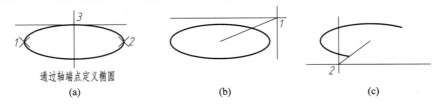

图 2-15　绘制椭圆与椭圆弧的情况

通过这 3 种方式中的任何一种，都可以完成椭圆弧的绘制，如图 2-15c 所示。

注意：若选择"参数（P）"选项，AutoCAD 2023 使用以下矢量参数方程式创建椭圆弧：

$$p(u) = c + a * \cos(u) + b * \sin(u)$$

式中：c 是椭圆的中心点，a 和 b 分别是椭圆的半长轴和半短轴，u 是用户输入的参数。

当然，绘制椭圆和椭圆弧可以直接调用"默认"功能区中对应的图标按钮，如图 2-16 所示；或使用"绘图"菜单中"椭圆"子菜单的对应菜单项，如图 2-17 所示。椭圆主要用于常用回转体的截交线。

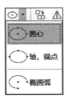

图 2-16　功能区中绘制椭圆和椭圆弧的图标按钮

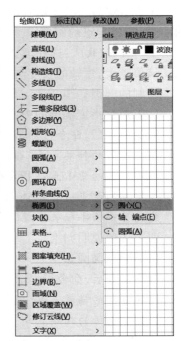

图 2-17　"绘图"菜单中"椭圆"子菜单

2.6 绘制多线、多段线、样条曲线

2.6.1 绘制多线

多线是由多条平行线组成的组合对象,平行线之间的间距与数目是可以调整的。多线主要用于建筑图中的墙体、道路上的白黄虚实交通线。

1. 命令激活方式

命令行:MLINE 或 ML

菜单栏:绘图→多线

2. 操作步骤

激活命令后,命令行提示:

当前设置:对正=当前对正类型,比例=当前比例值,样式=当前样式

指定起点或[对正(J)/比例(S)/样式(ST)]:(指定起点)↙

指定下一点:(指定下一点)↙

指定下一点或[放弃(U)]:(指定下一点)↙

指定下一点或[闭合(C)/放弃(U)]:

如需设置多线对正类型,可在激活命令后,进行如下操作:

当前设置:对正=当前对正类型,比例=当前比例值,样式=当前样式

指定起点或[对正(J)/比例(S)/样式(ST)]:J↙

输入对正类型[上(T)/无(Z)/下(B)]<当前>:

如图 2-18 所示,图 a、b、c 分别为控制在光标下方绘制多线、将光标作为原点绘制多线和在光标上方绘制多线。

上述操作过程中的常用选项说明如下。

1)"放弃(U)":放弃多线的最后一个顶点,然后 AutoCAD 2023 重新显示上一个提示。

2)"闭合(C)":通过把第一条线段的起点与最后一条线段的端点连起来而闭合多线。

3)"对正(J)":指定多线的对正类型。

4)"比例(S)":控制多线的全局宽度。这个比例基于在多线样式定义中确定的宽度,如图 2-19 所示,不影响线型的比例。

图 2-18 多线的对正类型   图 2-19 多线的比例说明

5)"样式(ST)":指定多线的样式。MLSTYLE 可创建、加载和设置多线的样式。选择该选项后,打开图 2-20 所示的"多线样式"对话框,可以根据需要创建多线样式,设置其线条数目和线的拐角方式。

图 2-20 "多线样式"对话框

"多线样式"对话框的部分选项说明如下。

1)"样式"列表框:显示已加载的多线样式。

2)"置为当前"按钮:在"样式"列表框中选择需要使用的多线样式后,单击该按钮,可以将其设置为当前样式。

3)"新建"按钮:单击该按钮,打开图 2-21 所示的"创建新的多线样式"对话框,可以创建新的多线样式。

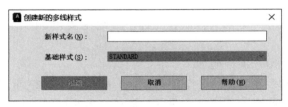

图 2-21 "创建新的多线样式"对话框

4)"修改"按钮:单击该按钮,打开"修改多线样式"对话框,可以修改创建的多线样式。

5)"重命名"按钮:重命名"样式"列表框中选中的多线样式名称,但不能重命名标准(STANDARD)样式。

6)"删除"按钮:删除"样式"列表框中选中的多线样式。

7)"加载"按钮:单击该按钮,打开图 2-22 所示的"加载多线样式"对话框。可以从中选取多线样式并将其加载到当前图形中,也可以单击"文件"按钮,打开"从文件加载多线样式"对话框,选择多线样式文件。默认情况下,AutoCAD 2023 提供的多线样式文件为 acad.mln。

8)"保存"按钮:打开"保存多线样式"对话框,可以将当前的多线样式保存为一个多线文件(*.mln)。

此外,当选中一种多线样式后,在对话框的"说明"和"预览"区域中还将显示该多线样式的说明信息和样式预览。

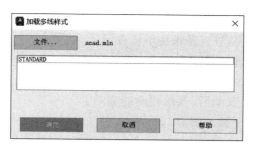

图 2-22 "加载多线样式"对话框

2.6.2 绘制多段线

多段线是连续的等宽或不等宽的直线或圆弧组成的线段。多段线是一个图形元素,常用于绘制如直行,左、右转,调头等交通标识。

1. 命令激活方式

功能区:默认→绘图→

命令行:PLINE 或 PL

菜单栏:绘图→多段线

工具栏:绘图→

2. 操作步骤

激活命令后,命令行提示:

指定起点:(指定点)↙

当前线宽为 0.0000

指定下一个点或[圆弧(A)/半宽(H)/长度(L)/放弃(U)/宽度(W)]:(指定第二个点)↙

指定下一点或[圆弧(A)/闭合(C)/半宽(H)/长度(L)/放弃(U)/宽度(W)]:

各选项说明如下。

1)"指定下一个点"或"指定下一点":绘制一条直线段。AutoCAD 2023 将重复上一提示。

2)"圆弧(A)":将圆弧添加到多段线中。

3)"闭合(C)":在当前位置到多段线起点之间绘制一条直线段以闭合多段线。

4)"半宽(H)":指定多段线的半宽度。

5)"长度(L)":以前一线段相同的角度并按指定长度绘制直线段。如果前一线段为圆弧,AutoCAD 2023 将绘制一条与该圆弧相切的直线段。

6)"放弃(U)":删除最近一次添加到多段线上的直线段。

7)"宽度(W)":指定下一线段的宽度。

若选择了"圆弧(A)"选项,则命令行将提示:

指定圆弧的端点(按住 Ctrl 键以切换方向)或[角度(A)/圆心(CE)/闭合(CL)/方向(D)/半宽(H)/直线(L)/半径(R)/第二个点(S)/放弃(U)/宽度(W)]:

各选项说明如下。

1)"指定圆弧的端点":指定端点并绘制圆弧。圆弧从多段线上一段端点的切线方向开始。

AutoCAD 2023 将重复上一条提示。

2)"角度(A)":选择此选项后,系统将继续提示:

指定夹角:(指定从起点开始的圆弧的包含角)↙

指定圆弧的端点(按住 Ctrl 键以切换方向)或[圆心(CE)/半径(R)]:

3)"圆心(CE)":选择此选项后,系统将继续提示:

指定圆弧的圆心:(指定圆弧的圆心)↙

指定圆弧的端点(按住 Ctrl 键以切换方向)或[角度(A)/长度(L)]:

各选项说明如下。

①"指定圆弧的端点":指定端点并绘制圆弧。

②"角度(A)":指定从起点开始的圆弧的包含角。

③"长度(L)":指定圆弧的弦长。如果前一段是圆弧,AutoCAD 2023 将绘制一条新的弧线段与前一条圆弧相切。

4)"闭合(CL)":使一条带圆弧的多段线闭合。

5)"方向(D)":指定圆弧的起点方向。

6)"半宽(H)":指定多段线的半宽度。

7)"直线(L)":退出"圆弧(A)"选项并返回 PLINE 命令的初始提示。

8)"半径(R)":指定圆弧的半径。

9)"第二个点(S)":指定三点圆弧的第二个点和端点。

10)"放弃(U)":删除最近一次添加到多段线上的弧线段。

"宽度(W)"选项同上。

例 2-1 绘制如图 2-23 所示的多段线。

操作步骤如下:

命令:PLINE↙

指定起点:80,100↙(指定 A 点为起点)

当前线宽为 0.0000

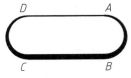

图 2-23 绘制多段线

指定下一个点或[圆弧(A)/半宽(H)/长度(L)/放弃(U)/宽度(W)]:W↙

指定起点宽度 <0.0000>:↙

指定端点宽度 <0.0000>:10↙

指定下一个点或[圆弧(A)/半宽(H)/长度(L)/放弃(U)/宽度(W)]:A↙

指定圆弧的端点(按住 Ctrl 键以切换方向)或[角度(A)/圆心(CE)/方向(D)/半宽(H)/直线(L)/半径(R)/第二个点(S)/放弃(U)/宽度(W)]:@0,-100↙(输入 B 点相对于 A 点的相对坐标)

指定圆弧的端点(按住 Ctrl 键以切换方向)或[角度(A)/圆心(CE)/闭合(CL)/方向(D)/半宽(H)/直线(L)/半径(R)/第二个点(S)/放弃(U)/宽度(W)]:L↙

指定下一点或[圆弧(A)/闭合(C)/半宽(H)/长度(L)/放弃(U)/宽度(W)]:@-180,0↙(输入 C 点相对于 B 点的相对坐标)

指定下一点或[圆弧(A)/闭合(C)/半宽(H)/长度(L)/放弃(U)/宽度(W)]:W↙

指定起点宽度 <10.0000>:↙

指定端点宽度 <10.0000>: 0↙

指定下一点或［圆弧（A）/闭合（C）/半宽（H）/长度（L）/放弃（U）/宽度（W）］：A↙

指定圆弧的端点（按住 Ctrl 键以切换方向）或［角度（A）/圆心（CE）/闭合（CL）/方向（D）/半宽（H）/直线（L）/半径（R）/第二个点（S）/放弃（U）/宽度（W）］：@ 0,100↙（输入 D 点相对于 C 点的相对坐标）

指定圆弧的端点（按住 Ctrl 键以切换方向）或［角度（A）/圆心（CE）/闭合（CL）/方向（D）/半宽（H）/直线（L）/半径（R）/第二个点（S）/放弃（U）/宽度（W）］:CL↙

执行结果如图 2-23 所示。

2.6.3　绘制样条曲线

样条曲线命令将在给定的一系列点的基础上,绘制出一条满足指定允差的、光滑的样条曲线。可以使用该命令绘制机械图样中的波浪线。

样条曲线主要用于截交线、相贯线、局部视图和局部剖视图的分界线。

1. 命令激活方式

功能区:默认→绘图→∿或∿

命令行:SPLINE 或 SPL

菜单栏:绘图→样条曲线→∿或∿

工具栏:绘图→∿

2. 操作步骤

1) 利用拟合点创建样条曲线。执行命令后,命令行提示及操作如下:

指定第一个点或［方式（M）/节点（K）/对象（O）］:（指定第一个点）↙

输入下一个点或［起点切向（T）/公差（L）］:（指定第二个点）↙

输入下一个点或［端点相切（T）/公差（L）/放弃（U）］:（指定下一个点）↙

输入下一个点或［端点相切（T）/公差（L）/放弃（U）/闭合（C）］:（指定下一个点,以后重复此操作,直至输入样条曲线的终点）↙

部分选项说明如下。

①"方式（M）":确定是使用拟合点还是使用控制点来创建样条曲线。拟合点是通过指定样条曲线必须经过的拟合点来创建 3 阶（三次）B 样条曲线。控制点是通过指定控制点来创建样条曲线。通过移动控制点调整样条曲线的形状通常可以获得比移动拟合点更好的效果。

②"节点（K）":指定节点参数化。它是一种计算方法,用来确定样条曲线中连续拟合点之间的零部件曲线如何过渡。

③"对象（O）":把二维或三维的二次或三次样条拟合多段线转换成等价的样条曲线并删除多段线。

④"起点切向（T）":指定在样条曲线起点的相切条件。

在完成拟合点的指定后按 Enter 键,系统将提示确定样条曲线在起点处的切线方向,并同时在起点与当前光标之间给出一根橡皮筋线,表示样条曲线在起点处的切线方向。在"指定起点切向:"的提示下移动鼠标,表示样条曲线在起点处的切线方向的橡皮筋线也会随着光标的移动发生变化,同时样条曲线的形状也发生相应的变化,这样可以通过移动鼠标的方向来确定样条曲线起点处的切线方向,即单击拾取一点,以样条曲线起点到该点的连线作为起点的切线,也可在该提示下直接输入表示切线方向的角度值。当指定了样条曲线在起点处的切线方向后,还需要指定样条曲线终点处的切线方向。

⑤ "端点相切(T)":指定样条曲线终点处的相切条件。

⑥ "公差(L)":指定样条曲线可以偏离指定拟合点的距离。公差值为 0(零)要求生成的样条曲线直接通过拟合点。公差值适用于所有拟合点(拟合点的起点和终点除外),始终具有为 0(零)的公差。

⑦ "放弃(U)":删除最近一次添加到样条曲线上的点。

⑧ "闭合(C)":系统把最后一点定义为与第一点一致,并且使它在连接处相切,可以使样条曲线闭合。

2)利用控制点创建样条曲线。执行命令后,命令行提示及操作如下:

指定第一个点或[方式(M)/阶数(D)/对象(O)]:(指定第一个点)↙

输入下一个点:(指定第二个点)↙

输入下一个点或[放弃(U)]:(指定下一个点)↙

输入下一个点或[放弃(U)/闭合(C)]:(指定下一个点,以后重复此操作,直至输入样条曲线的终点)↙

"阶数(D)":设置生成的样条曲线的多项式阶数。使用此选项可以创建 1 阶(线性)、2 阶(二次)、3 阶(三次)直到最高 10 阶的样条曲线。

2.7 绘图实例

例 2-2 绘制如图 2-24 所示的图形(此处不要求线型)。

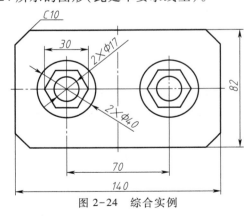

图 2-24 综合实例

操作步骤如下:

注意:本例均按激活命令后的命令行提示进行相应操作的方式叙述。

1)绘制图形的对称线和圆的中心线。

命令：_line

指定第一个点：20,100↙

指定下一点或 [放弃(U)]：@160,0↙

指定下一点或 [放弃(U)]：↙

命令：↙

LINE

指定第一个点：100,50↙

指定下一点或 [放弃(U)]：@0,100↙

指定下一点或 [放弃(U)]：↙

命令：↙

LINE

指定第一个点：65,70↙

指定下一点或 [放弃(U)]：@0,60↙

指定下一点或 [放弃(U)]：↙

命令：↙

LINE

指定第一个点：135,70↙

指定下一点或 [放弃(U)]：@0,60↙

指定下一点或 [放弃(U)]：↙

2）绘制带有倒角的矩形。

命令：_rectang

指定第一个角点或 [倒角(C)/标高(E)/圆角(F)/厚度(T)/宽度(W)]：c↙

指定矩形的第一个倒角距离 <0.0000>:10↙

指定矩形的第二个倒角距离 <10.0000>:↙

指定第一个角点或 [倒角(C)/标高(E)/圆角(F)/厚度(T)/宽度(W)]：30,59↙

指定另一个角点或 [面积(A)/尺寸(D)/旋转(R)]：@140,82↙

3）绘制圆。

命令：_circle

指定圆的圆心或 [三点(3P)/两点(2P)/切点、切点、半径(T)]：65,100↙（或"捕捉"两直线的交点）

指定圆的半径或 [直径(D)]:20↙

命令：↙

CIRCLE

指定圆的圆心或 [三点(3P)/两点(2P)/切点、切点、半径(T)]：135,100 ↙（或"捕捉"两直线的交点）

指定圆的半径或 [直径(D)] <20.0000>:↙

命令：↙

CIRCLE

指定圆的圆心或［三点(3P)/两点(2P)/切点、切点、半径(T)］:65,100↙(或"捕捉"圆心点)

指定圆的半径或［直径(D)］<20.0000>:8.5↙

命令:↙

CIRCLE

指定圆的圆心或［三点(3P)/两点(2P)/切点、切点、半径(T)］:135,100↙(或"捕捉"圆心点)

指定圆的半径或［直径(D)］<8.5>:↙

4)绘制正六边形。

命令:_polygon

输入侧面数 <4>:6↙

指定正多边形的中心点或［边(E)］:65,100↙(或"捕捉"圆心点)

输入选项［内接于圆(I)/外切于圆(C)］<I>:↙

指定圆的半径:15↙

命令:↙

POLYGON

输入侧面数 <6>:↙

指定正多边形的中心点或［边(E)］:135,100↙(或"捕捉"圆心点)

输入选项［内接于圆(I)/外切于圆(C)］<I>:↙

指定圆的半径:15↙

至此,完成了图形的绘制。

习　　题

1. 新建一幅图形,并进行如下的设置和操作。

1)绘图界限:将绘图界限设成横装 A3 图幅(尺寸为 420 mm×297 mm),并使所设绘图界限有效。

2)绘图单位:将长度类型设为"小数",精度设为 0.00;将角度类型设为"十进制度数",精度设为 0.00;其余保持默认设置。

3)保存图形:将图形以文件名"A3"保存。

2. 绘制图 2-25 所示的图形(此处不要求线型,不标注尺寸)。

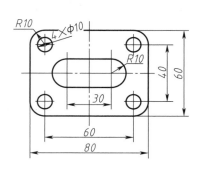

(a) 矩形、多段线、圆命令练习

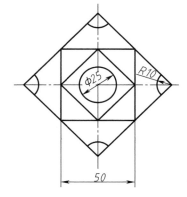

(b) 多边形、圆、圆弧命令练习

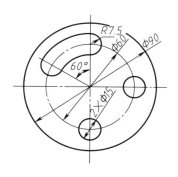

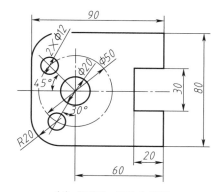

（c）圆、圆弧命令练习　　　　　（d）多段线、圆命令练习

图 2-25　绘图命令综合练习

第3章　快速精确绘图

在绘图时,可以用鼠标在绘图区上随意拾取点,但要想精确绘制图样,还要掌握有关的精确绘图方法,以提高绘图的精确性和效率。灵活运用系统所提供的对象捕捉、对象追踪等功能,可快速精确地绘制图形。

进行快速精确绘图时,常常需要反复使用状态栏上的辅助工具和"草图设置"对话框。

1) 状态栏上的辅助工具如图 3-1 所示,单击其中的图标按钮使其亮显,即可打开相应的功能,再次单击该图标按钮使其灰显,就关闭该功能。

图 3-1　状态栏上的辅助工具

2) "草图设置"对话框的打开方法有以下几种:

① 单击状态栏上的图标按钮 或 或 后面的三角形符号,在弹出的下拉列表中选择"捕捉设置"或"正在追踪设置"或"对象捕捉设置"选项,即可打开如图 3-2 所示的"草图设置"对话框。

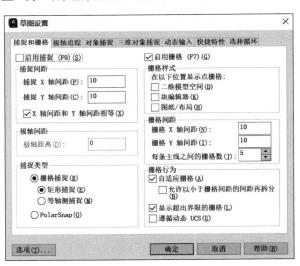

图 3-2　"草图设置"对话框

② 利用菜单栏,执行"工具"→"绘图设置"菜单命令,打开"草图设置"对话框。

③ 绘图过程中,当要求指定点时,按下 Shift 键或 Ctrl 键再在绘图区中点击鼠标右键,在弹出的对象捕捉快捷菜单中选择"对象捕捉设置"菜单项即可打开"草图设置"对话框。

3.1 使用捕捉、栅格和正交功能

3.1.1 设置捕捉和栅格

"捕捉"用于控制光标按照用户定义的间距移动,有助于使用鼠标来精确定位点。"栅格"是由许多等距水平线和竖直线组成的矩形图案,其作用类似于在图形下方放置了一张坐标纸,可以提供直观的距离和位置参照,如图 3-3 所示。栅格点(水平线与竖直线的交点)仅仅是一种视觉辅助工具,并不是图形的一部分,所以在图形输出时并不输出栅格点。

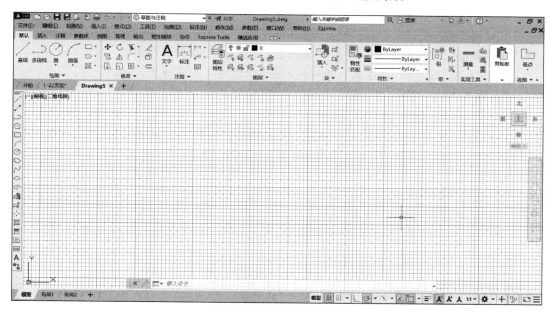

图 3-3 显示栅格图

1. 打开或关闭捕捉和栅格功能

打开或关闭捕捉和栅格功能有以下几种方法。

1)状态栏:单击捕捉 ⊞ 和栅格 ⊞ 图标按钮,亮显为打开状态,灰显为关闭状态。

2)功能键:按 F9 键来启用或关闭捕捉,按 F7 键来启用或关闭栅格。

3)"草图设置"对话框:在"捕捉和栅格"选项卡中选中或取消"启用捕捉"和"启用栅格"复选框。

2. 设置捕捉和栅格参数

利用"草图设置"对话框中的"捕捉和栅格"选项卡,可以设置"捕捉"和"栅格"的相关参数,各选项说明如下。

1)"启用捕捉"复选框:打开或关闭捕捉方式。选中该复选框,启用捕捉功能。

2)"捕捉间距"选项区域:可设置 X、Y 方向的捕捉间距,间距值必须为正数。

3)"捕捉类型"选项区域:可以设置捕捉类型和样式,包括"栅格捕捉"和"PolarSnap"(极轴捕捉)两种。

①"栅格捕捉"单选项:用于设置栅格捕捉类型。当选择"矩形捕捉"单选项时,可将捕捉样式设置为标准矩形捕捉模式;当选择"等轴测捕捉"单选项时,可将捕捉样式设置为等轴测捕捉模式。在"捕捉间距"和"栅格间距"选项区域中可以设置相关参数。

②"PolarSnap"单选项:选择该单选项,可以设置捕捉样式为极轴捕捉模式。此时,在启用了极轴追踪或对象捕捉追踪的情况下指定点,光标将沿极轴角或对象捕捉追踪角度进行捕捉,这些角度是相对最后指定的点或最后获取的对象捕捉点计算的。在"极轴间距"选项区域中的"极轴距离"文本框中可设置极轴捕捉间距。

4)"启用栅格"复选框:打开或关闭栅格的显示。选中该复选框,可以启用栅格。

5)"栅格样式"选项区域:用于设置栅格显示为方格或点。

①"二维模型空间"复选框:选中后可将二维模型空间的栅格样式设置为点栅格。

②"块编辑器"复选框:选中后可将块编辑器的栅格样式设置为点栅格。

③"图纸/布局"复选框:选中后可将图纸/布局的栅格样式设置为点栅格。

6)"栅格间距"选项区域:设置栅格间距。如果栅格的 X 轴和 Y 轴间距值为 0,则栅格采用"捕捉 X 轴间距"和"捕捉 Y 轴间距"的值。

7)"栅格行为"选项区域:设置视觉样式下栅格线的显示样式(三维线框除外)。

①"自适应栅格"复选框:确定缩小时是否限制栅格的密度。

②"允许以小于栅格间距的间距再拆分"复选框:确定是否允许以小于栅格间距的间距来拆分栅格。

③"显示超出界限的栅格"复选框:确定是否显示图形界限之外的栅格。

④"遵循动态 UCS"复选框:确定是否跟随动态 UCS 的 XY 平面而改变栅格平面。

3.1.2 使用 GRID 和 SNAP 命令

栅格和捕捉参数不仅可以通过"草图设置"对话框来设置,还可以使用 GRID 与 SNAP 命令来设置。

1. 使用 GRID 命令

在命令行输入"GRID",激活命令后,命令行显示如下提示信息:

指定栅格间距(X) 或 [开(ON)/关(OFF)/捕捉(S)/主(M)/自适应(D)/界限(L)/跟随(F)/纵横向间距(A)] <10.0000>:

默认情况下,需要设置栅格间距值。该间距不能设置太小,否则将导致图形模糊及屏幕重画太慢,甚至无法显示栅格。该命令提示中部分选项说明如下。

1)"开(ON)""关(OFF)":打开或关闭当前栅格。

2)"捕捉(S)":将栅格间距设置为由 SNAP 命令指定的捕捉间距。

3)"主(M)":设置每个主栅格线的栅格分块数。

4)"自适应(D)":设置是否允许以小于栅格间距的间距拆分栅格。

5)"界限(L)":设置是否显示超出界限的栅格。

6)"跟随(F)":设置是否跟随动态(UCS)。

7)"纵横向间距(A)":设置栅格的 X 轴和 Y 轴间距值。

2. 使用 SNAP 命令

在命令行输入"SNAP",激活命令后,命令行显示如下提示信息:

指定捕捉间距或［打开(ON)/关闭(OFF)/纵横向间距(A)/传统(L)/样式(S)/类型(T)］<10.0000>:

默认情况下,需要指定捕捉间距,并使用"打开(ON)"选项,以当前栅格的分辨率、旋转角和样式激活捕捉模式;使用"关闭(OFF)"选项,关闭捕捉模式,但保留当前设置。此外,该命令提示中其他选项说明如下。

1)"纵横向间距(A)":在 X 和 Y 轴方向上指定不同的间距。如果当前捕捉模式为等轴测,则不能使用该选项。

2)"传统(L)":选择此选项后,将提示"保持始终捕捉到栅格的传统行为吗?［是(Y)/否(N)]<否>:"。指定"是"将导致旧行为,光标将始终捕捉到栅格。指定"否"将导致新行为,光标仅在需要指定点操作时捕捉到栅格。

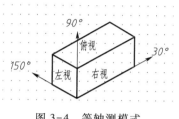

图 3-4 等轴测模式

3)"样式(S)":设置捕捉栅格的样式为"标准"或"等轴测"。"标准"样式显示与当前 UCS 的 XY 平面平行的矩形栅格,X 轴间距与 Y 轴间距可能不同;"等轴测"样式显示等轴测栅格,栅格点初始化为 30°和 150°角。等轴测捕捉可以旋转,但不能有不同的纵横向间距值。等轴测包括上等轴测平面(30°和 150°角)、左等轴测平面(90°和 150°角)和右等轴测平面(30°和 90°角),如图 3-4 所示。

4)"类型(T)":指定捕捉类型为极轴或栅格。

3.1.3 使用正交模式

实际绘图时,有时需要在水平和竖直方向上画线。这时,使用正交模式会比较方便,它可以有效地提高绘图速度。在正交模式下,不管光标移到什么位置,在绘图区上都只能绘出平行于 X 轴或平行于 Y 轴的直线。

在启用正交模式后,当光标在线段的终点方向时,只需键入线段的长度即可精确绘图。

打开或关闭正交模式的方法如下。

1)状态栏:单击"正交"图标按钮 。

2)功能键:按键 F8 打开或关闭正交模式。

3)命令行:ORTHO

3.2 对象捕捉

对象捕捉是指鼠标等定点设备在绘图区中取点时,精确地将指定点定位在对象确切的特征几何位置上。利用对象捕捉功能,可以迅速、准确地捕捉到某些特殊点,实现精确绘制图形。

3.2.1 打开或关闭对象捕捉模式

打开对象捕捉模式后就可以使用对象捕捉功能了。打开或关闭对象捕捉模式的方法如下。

1）状态栏：单击"对象捕捉"图标按钮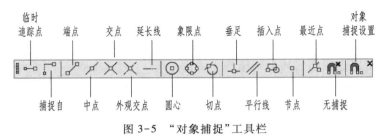。

2）功能键：按 F3 键打开或关闭。

3）"草图设置"对话框：在"对象捕捉"选项卡中选中或取消"启用对象捕捉"复选框。

3.2.2 对象捕捉的方法

打开对象捕捉模式后就可以在需要的时候进行对象捕捉了，其方法如下。

1. 利用"对象捕捉"工具栏

在绘图过程中，当要求指定点时，单击"对象捕捉"工具栏中相应的特征点按钮，再把光标移动到要捕捉对象上的特征点附近，即可捕捉到相应的对象特征点。图 3-5 所示为"对象捕捉"工具栏。

图 3-5 "对象捕捉"工具栏

2. 使用自动捕捉

在绘图过程中，使用对象捕捉的频率非常高。若每次都使用"对象捕捉"工具栏，将会影响绘图效率。为此，AutoCAD 2023 又提供了一种自动对象捕捉模式。

自动捕捉就是当把光标放在一个对象上时，系统自动捕捉到对象上所有符合条件的几何特征点，并显示相应的标记。如果把光标放在捕捉点上多停留一会儿，系统还会显示捕捉的提示。这样，在选点之前，就可以预览和确定捕捉点。

使用自动捕捉前，需要设置对象捕捉模式中的选项，即在"草图设置"对话框的"对象捕捉"选项卡中，选中"对象捕捉模式"选项区域中相应的复选框，如图 3-6 所示。

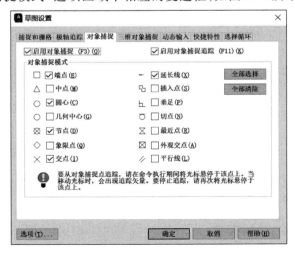

图 3-6 "草图设置"对话框—"对象捕捉"选项卡

3. 使用状态栏的下拉列表

当要求指定点时,单击状态栏上"对象捕捉"图标按钮后的三角形符号,打开其下拉列表,如图 3-7 所示,单击其中的选项,再把光标移动到要捕捉对象上的特征点附近,即可捕捉到相应的对象特征点。

4. 使用对象捕捉快捷菜单

当要求指定点时,可以按下 Shift 键或 Ctrl 键,点击鼠标右键,打开对象捕捉快捷菜单,如图 3-8 所示。选择需要的菜单项,再把光标移动到要捕捉对象上的特征点附近,即可捕捉到相应的对象特征点。

图 3-7 对象捕捉下拉列表

图 3-8 对象捕捉快捷菜单

在对象捕捉快捷菜单中,"点过滤器"下拉菜单中的各菜单项用于捕捉满足指定坐标条件的点。除此之外的其余各项都与"对象捕捉"工具栏中的各种捕捉模式相对应。

5. 在命令行输入捕捉模式的关键词

当要求指定点时,在命令行中输入捕捉模式的关键词,然后把光标移动到要捕捉对象的特征点附近,即可捕捉到相应的对象特征点。捕捉对象的图标按钮、关键词及功能说明见表 3-1。

表 3-1 捕捉对象的图标按钮、关键词及功能说明

捕捉对象	图标按钮	关键词	功能说明
端点		END	捕捉直线段、圆弧或多段线上离拾取点最近的端点
中点		MID	捕捉直线段、圆弧或多段线的中点

续表

捕捉对象	图标按钮	关键词	功能说明
交点		INT	捕捉两对象的真实交点或延伸交点
圆心		CEN	捕捉圆、圆弧或椭圆、椭圆弧的圆心
象限点		QUA	捕捉圆、圆弧或椭圆的象限点
切点		TAN	捕捉与圆、圆弧或椭圆、椭圆弧相切的点
垂足		PER	捕捉拾取点到选定对象的假想垂线与选定对象的交点
平行线		PAR	捕捉与某直线平行且通过前一点的直线上的点
插入点		INS	捕捉插入到图形文件中的图像、文本等对象的插入点
节点		NOD	捕捉用点命令绘制的节点对象
最近点		NEA	捕捉对象上距离光标最近的点

3.2.3　运行和覆盖捕捉模式

对象捕捉模式分为运行捕捉模式和覆盖捕捉模式。

1. 运行捕捉模式

运行捕捉模式是指打开对象捕捉模式后，对象捕捉始终处于运行状态，直到关闭为止。

2. 覆盖捕捉模式

覆盖捕捉模式是指在命令行提示输入点时，直接输入关键词（如 TAN、MID、PER 等）后按 Enter 键，或单击"对象捕捉"工具栏中的某一图标按钮或在对象捕捉快捷菜单中选择相应的菜单项或利用状态栏上的下拉菜单临时打开某一捕捉点的捕捉模式。这时被输入的临时捕捉命令将暂时覆盖其他的捕捉命令。覆盖捕捉模式仅对本次捕捉点有效，在命令行中显示一个"于"标记。

3.3　自动追踪

自动追踪可分为极轴追踪和对象捕捉追踪。使用极轴追踪可按指定角度绘制对象，使用对象捕捉追踪可捕捉到通过指定对象点及指定角度的线的延长线上的任意点。

3.3.1　极轴追踪

极轴追踪是按事先给定的角度增量来追踪特征点，常常在事先知道追踪角度的场合下使用。

单击亮显状态栏上的图标按钮 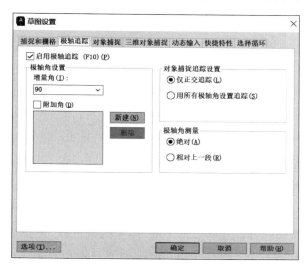，极轴追踪功能就可以使用了。

极轴追踪功能可以在系统要求指定一个点时，按预先设置的角度增量显示一条无限延伸的辅助线（这是一条虚线），这时就可以沿辅助线追踪得到光标点。可在"草图设置"对话框的"极轴追踪"选项卡中对极轴追踪和对象捕捉追踪进行设置，如图 3-9 所示。

图 3-9 "草图设置"对话框—"极轴追踪"选项卡

"极轴追踪"选项卡中部分选项说明如下。

1）"启用极轴追踪"复选框：打开或关闭极轴追踪。也可以使用自动捕捉系统变量或按功能键 F10 来打开或关闭极轴追踪。

2）"极轴角设置"选项区域：设置极轴角度。在"增量角"下拉列表中，可以选择系统预设的角度，如果该下拉列表中的角度不能满足需要，可选中"附加角"复选框，然后单击"新建"按钮，在"附加角"列表框中增加新角度。这里的附加角不是增量，而是绝对量。

如图 3-10 所示，增量角是 30°，附加角有 5°和 45°，在绘制以点 A 为起点的线段时，如果仅仅设置了 30°的增量角，则只能追踪到 B、D、F、G 这四条线段的终点。但是若增加了附加角 5°和 45°，则还可以追踪到 C、E 这两条线段的终点。

3）"对象捕捉追踪设置"选项区域：设置对象捕捉追踪。选择"仅正交追踪"单选项，可在启用对象捕捉追踪时，只显示获取的对象捕捉点的正交（水平/竖直）对象捕捉追踪路径；选择"用所有极轴角设置追踪"单选项，可以将极轴角设置应用到对象捕捉追踪。使用对象捕捉追踪时，光标将从获取的对象捕捉点起沿极轴对齐角度进行追踪。也可以使用系统变量 POLARMODE 对对象捕捉追踪进行设置。

4）"极轴角测量"选项区域：设置极轴追踪对齐角度的测量基准。其中，选择"绝对"单选项，可以基于当前用户坐标系（UCS）确定极轴追踪角度；选择"相对上一段"单选项，可以基于最后绘制的线段确定极轴追踪角度。

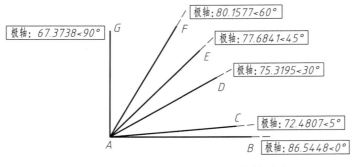

图 3-10 极轴追踪

3.3.2 对象捕捉追踪

对象捕捉追踪是指从捕捉到的对象点进行追踪,即捕捉沿着基于对象捕捉点延长线上的任意点。例如,新指定点与已有的某点在某方向上对齐。这一功能对保持各视图之间的投影对应关系极为有用,可以方便地做到"长对正、高平齐、宽相等"。

使用对象捕捉追踪需要同时打开状态栏中的"对象捕捉追踪"图标按钮 ![] 和"对象捕捉"图标按钮 ![] 选项;打开正交模式,光标将被限制,仅能沿水平或竖直方向移动。因此,正交模式和极轴追踪模式不能同时打开,若一个打开,另一个将自动关闭。

图 3-11 所示是利用对象捕捉追踪功能捕捉矩形中心点。当命令行提示需要指定点时,打开状态栏上的"对象捕捉"图标按钮 ![] 和"对象捕捉追踪"图标按钮 ![],移动光标捕捉到矩形竖直方向直线的中点,此时该中点处显示一个"△"号,继续移动光标捕捉到矩形水平方向直线的中点,此时该中点处也显示一个

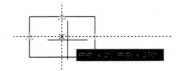

图 3-11 利用对象捕捉追踪
功能捕捉矩形中心点

"△"号,再继续移动光标到接近矩形中心点的位置时,将显示两条追踪线及其交点,此时两条追踪线的交点处显示一个"×"号,表明已经捕捉到了矩形的中心点。

注意:在进行矩形中心点捕捉前,须先启动图 3-6 中"中点"捕捉方式。

3.4 动态输入

使用动态输入功能可以在指针位置处显示标注输入和命令提示等信息。

3.4.1 启用指针和标注输入

1. 启用指针输入

在如图 3-12 所示的"草图设置"对话框"动态输入"选项卡中,选中"启用指针输入"复选框,启用指针输入功能。单击"指针输入"选项区域中的"设置"按钮,打开图 3-13 所示的"指针输入设置"对话框设置指针的格式和可见性。

2．启用标注输入

在图 3-12 中,选中"可能时启用标注输入"复选框可以启用标注输入功能。在"标注输入"选项区域中单击"设置"按钮,弹出图 3-14 所示的"标注输入的设置"对话框,在该对话框中可以设置标注的可见性。

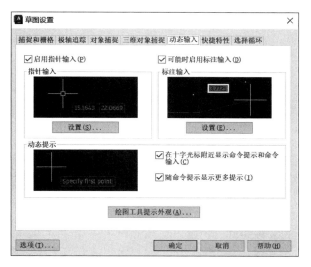

图 3-12　"草图设置"对话框——"动态输入"选项卡

图 3-13　"指针输入设置"对话框

3.4.2　显示动态提示

在图 3-12 中,选中"动态提示"选项区域中的"在十字光标附近显示命令提示和命令输入"复选框或按功能键 F12,可以在光标附近显示命令提示,如图 3-15 所示。

图 3-14　"标注输入的设置"对话框

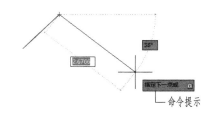

图 3-15　动态显示命令提示

3.5   查询

在设计绘图中有时需要查询与图形有关的信息。如查询指定两点间的距离、某一区域的面积和周长等。查询时,可以使用功能区图标按钮,或从"工具"→"查询"菜单中激活相应的菜单命令,或单击"查询"工具栏上的相应图标按钮进行查询,如图3-16所示。

(a) 通过功能区查询

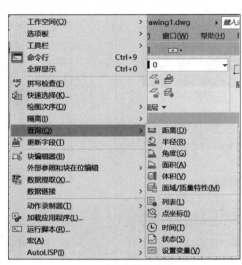

(b) 通过菜单栏查询

(c) 通过工具栏查询

图 3-16   查询方式

习   题

1. 在 AutoCAD 2023 中要打开或关闭捕捉和栅格功能共有几种方法?
2. 对象捕捉模式包括哪两种? 各有什么特点?
3. 利用对象捕捉和正交模式等功能绘制图 3-17 所示的图形(此处不要求线型,不标注尺寸)。
4. 利用对象捕捉和极轴追踪功能绘制图 3-18 所示的图形(此处不要求线型,不标注尺寸)。

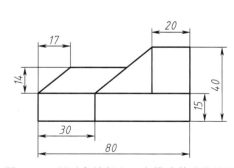

图 3-17   用对象捕捉和正交模式等功能绘图

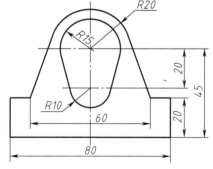

图 3-18   用对象捕捉和极轴追踪功能绘图

第4章 二维图形的编辑

对于复杂的二维图形,仅使用 AutoCAD 2023 基本的二维绘图命令和绘图工具是远远不够的,必须借助于二维图形的编辑功能来提高绘图的效率。本章主要介绍 AutoCAD 2023 的对象选择、图形显示和图形编辑功能。

4.1 选择对象

在对图形进行编辑操作时,首先要选择被编辑的对象。AutoCAD 2023 将亮显被选择的对象,构成选择集。

4.1.1 设置对象的选择参数

设置对象的选择参数可以通过"选项"对话框中的"选择集"选项卡完成,打开"选项"对话框的方法如下:

1) 单击"应用程序"图标按钮 ![A CAD] →"选项"。

2) 选择"工具"→"选项"菜单项。

3) 在绘图区(或命令行)中点击鼠标右键,在弹出的快捷菜单中选择"选项"菜单项。

激活命令后,打开如图 4-1 所示的"选项"对话框。在"选择集"选项卡中,可以设置选择项的参数,如拾取框大小、夹点尺寸等。

4.1.2 选择对象的方法

命令激活方式:在命令行中输入"SELECT"。

激活命令后或使用编辑命令时,命令行将提示"选择对象:",并且十字光标将被替换为拾取框。此时可以直接用鼠标点选或框选对象,也可在命令行输入选择项对应的字母,从而用相应的选择方法选择对象。当输入"? ✓"时,将显示所有选择方法项:

需要点或窗口(W)/上一个(L)/窗交(C)/框(BOX)/全部(ALL)/栏选(F)/圈围(WP)/圈交(CP)/编组(G)/添加(A)/删除(R)/多个(M)/前一个(P)/放弃(U)/自动(AU)/单个(SI)/子对象(SU)/对象(O):

1. 逐个点选,选择多个对象

将矩形拾取框放在要选择对象上,系统将亮显对象,单击即可选择对象。

对于彼此接近或重叠的对象,当拾取框放在其上时,亮显的对象可能并不是要选择的对象,可按住 Shift 键,并连续按空格键,系统将逐个亮显这些重叠对象。

图 4-1 "选项"对话框

对于误选的对象,可按住 Shift 键并再次选择该对象,可以将其从当前选择集中排除。

2. 同时选择多个对象

在默认状态下,选择对象模式为添加选择模式。

在提示"选择对象:"下输入"R",可切换为删除模式,即被选对象将从选择集中排除。在提示"选择对象:"下输入"A",可重新切换为添加选择模式。

1)利用默认矩形窗口选择:从左向右拉选择框时,选择框显示为实线框,此时只有当对象完全在选择框内,对象才会被选择,如图 4-2 所示。从右向左拉选择框时,选择框显示为虚线框,此时只要对象有部分在选择框内,该对象就会被选择,如图 4-3 所示。

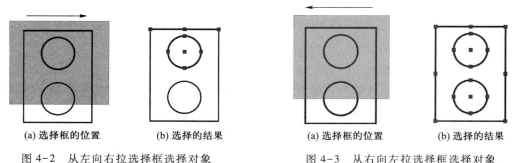

| (a) 选择框的位置 | (b) 选择的结果 | (a) 选择框的位置 | (b) 选择的结果 |

图 4-2 从左向右拉选择框选择对象   图 4-3 从右向左拉选择框选择对象

2)全部(ALL):在提示"选择对象:"下,输入"ALL↙",即可选择所有对象。

3)窗口(W):输入"W↙",然后任意指定一个矩形窗口,只有完全在该窗口中的对象才会被选择。

4)窗交(C):输入"C↙",然后任意指定一个矩形窗口,只要对象有部分在该窗口中,该对象就会被选择。

5）框（BOX）：输入"BOX↙"，则从左向右拉选择框，只有完全在该选择框中的对象才会被选择；而从右向左拉选择框，只要对象有部分在该窗口中，该对象就会被选择。

框选方法与默认矩形窗口选择的方法类似，不同的是当指定的选择框的第一个角点正好压在某个对象上时，如果是用默认矩形窗口选择的方法，则会自动切换到点选取，直接选择该对象；如果是用框选的方法，则不会直接选择该对象，而继续执行，要求指定对角点。

6）圈围（WP）：输入"WP↙"，然后指定不规则窗口的各顶点，最后按 Enter 键或点击鼠标右键确认，不规则窗口显示为蓝色，完全在不规则窗口中的对象将会被选取，如图 4-4 所示。

不规则窗口的形状可以是任意的多边形形状，但自身不能相交。如果给定的多边形不封闭，系统将自动将其封闭。

7）圈交（CP）：输入"CP↙"，后续操作与"圈围"方法类似，但执行结果：不规则窗口显示为绿色，只要对象有部分在不规则窗口内，该对象就会被选取，如图 4-5 所示。

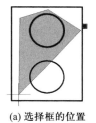 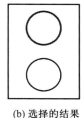 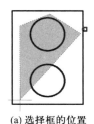 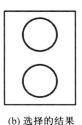

(a) 选择框的位置　　(b) 选择的结果　　　　(a) 选择框的位置　　(b) 选择的结果

图 4-4　利用"圈围"选择对象　　　　图 4-5　利用"圈交"选择对象

8）栏选（F）：输入"F↙"，然后指定各个栏选点，最后按 Enter 键或点击鼠标右键确认，则所有与各栏选点顺次连线相接触的对象均会被选取，如图 4-6 所示。

9）编组（G）：输入"G↙"，然后根据命令行提示输入编组名，并按 Enter 键确认，则会选择指定组中的全部对象。使用该方法的前提是已经对部分或全部对象进行了编组。

10）上一个（L）：输入"L↙"，选取最后一次创建的可见对象。但对象必须在当前的模型空间或图纸空间中，并且该对象所在图层不能处于"冻结"或"关闭"状态。

11）前一个（P）：输入"P↙"，选取最近创建的选择集。从图形中删除对象将清除"前一个"选项设置。程序将跟踪在模型空间中或在图纸空间中指定的每一个选择集。如果在两个空间中切换，将忽略前一个选择集。

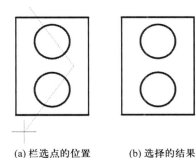

(a) 栏选点的位置　　(b) 选择的结果

图 4-6　利用"栏选"选择对象

12）多个（M）：输入"M↙"，指定多次选择而不亮显对象，从而加快对复杂对象的选择过程。

13）单个（SI）：输入"SI↙"，切换到单选模式，即选择指定的第一个或第一组对象而不继续提示进一步选择。

14）放弃（U）：输入"U↙"，放弃选择最近加到选择集中的对象。

15）自动（AU）：输入"AU↙"，切换到自动选择，即指向一个对象即可选择对象或利用默认矩形窗口选择。

16）子对象（SU）：输入"SU↙"，使用户可以逐个选择原始形状。这些形状是复合实体的一部分或三维实体上的顶点、边和面。

17）对象（O）：输入"O↙"，结束选择子对象的功能，使用户可以使用对象选择方法。

4.2　图形显示

为便于绘制和观察图形，需要控制图形显示，图形显示功能只对图形的显示起作用，不改变图形的实际位置和尺寸。

4.2.1　视图缩放

视图缩放是指改变图形对象的屏幕显示大小，而不改变图形对象的实际尺寸。

1. 命令激活方式

导航栏：🔍

菜单栏：视图→缩放

命令行：ZOOM 或 Z

工具栏：标准→ ±🔍 🔍 🔍 、缩放→ 🔍 🔍 🔍 🔍 🔍 +🔍 -🔍 🔍 🔍 ×

2. 操作步骤

（1）实时缩放 ±🔍

激活命令后，光标变为 🔍 ，按住鼠标左键向上拖动可放大图形，向下拖动可缩小图形，最后点击鼠标右键退出。

（2）窗口缩放 🔍

激活命令后，框选需要显示的图形，单击后框选的图形将充满绘图区。

（3）上一个 🔍

激活命令后，图形显示快速恢复上一次缩放的视图，最多可以恢复此前的 10 个视图。

（4）动态缩放 🔍

缩放选择框中的图形，其步骤如下：

1）激活命令后，绘图区中显示图形范围。同时，显示以×为中心的平移视图框。

2）将平移视图框移动到所需的位置，然后单击，框中的×消失，同时出现一个指向框右边的箭头，平移视图框变为缩放视图框。

3）左右移动光标调整视图框大小，上下移动光标调整视图框的位置。调整完毕后单击确定。如果未达到理想区域可继续调整。

4）按 Enter 键确认，使当前视图框中的区域填充到当前视口。

（5）比例缩放 🔍

激活命令后，在命令行提示"输入比例因子（nX 或 nXP）："后输入比例值，按指定的比例值进行缩放。

1）"nX"：相对当前视图缩放，在输入的比例值后再输入一个"X"，例如"0.5X"。

2）"nXP"：相对图纸空间缩放，在输入的比例值后再输入一个"XP"，例如"0.2XP"。

（6）中心缩放

用于重设图形的显示中心和缩放倍数。激活命令后，命令行提示：

指定中心点：（指定新的显示中心点）

输入比例或高度<2.0000>：（输入新视图的缩放倍数或高度）

1）"比例"：在输入的比例值后再输入一个"X"，例如"0.5X"。

2）"高度"：直接输入高度值，例如"2"。值小时放大，反之缩小，"< >"内为默认高度值，直接按 Enter 键，则以默认高度缩放。

（7）缩放对象

尽可能大地显示一个或多个选择对象，可在命令前后选择对象。

（8）放大 、缩小

使图形相对于当前图形放大一倍或缩小一半。

（9）全部缩放

缩放显示整个图形。如果图形对象未超出图形界限，则以图形界限显示；如果超出图形界限，则以当前范围显示。

（10）范围缩放

缩放显示所有图形对象，使图形充满绘图区，与图形界限无关。

另外可以滚动鼠标的滚轮键进行实时缩放视图。

4.2.2　视图平移

视图平移是指移动图形，而不改变图形对象的实际位置，使绘图区以合适大小显示特定区域。

1. 命令激活方式

导航栏：

命令行：PAN 或 P

菜单栏：视图→平移

2. 操作步骤

（1）实时平移（标准→）

激活命令后，光标变为手状 ，按住鼠标左键拖动，可使图形按光标移动方向移动。释放鼠标左键，可回到平移等待状态。最后按 Esc 键或 Enter 键退出。

（2）其他平移

激活平移命令，还可进行定点平移或按指定方向平移。

4.2.3　视图的重画

视图的重画是指系统在显示内存中更新屏幕，清除临时标记及残留重叠图像，更新使用的视区。

1. 命令激活方式

命令行:REDRAW 或 REDRAWALL 或 R

菜单栏:视图→重画

2. 操作步骤

激活命令后即可实现重画的功能。

4.2.4 视图的重生成

视图的重生成是指系统从磁盘中调用当前图形数据,重新创建图形库索引,更新当前视口或所有视口,优化对象显示和对象选择的性能。

1. 命令激活方式

命令行:REGEN 或 REGENALL 或 G

菜单栏:视图→重生成或全部重生成

命令别名:RE

2. 操作步骤

激活命令后即可实现重生成的功能。

4.3 删除与恢复删除

4.3.1 删除

1. 命令激活方式

功能区:默认→修改→

命令行:ERASE 或 E

菜单栏:修改→删除

工具栏:修改→

2. 操作步骤

激活命令后,选择对象,然后按 Enter 键或点击鼠标右键确认,即可删除对象。如果选择"工具"→"选项"菜单项,在弹出的"选项"对话框的"选择集"选项卡中选中"先选择后执行"复选框(默认模式),则可先选择对象,然后单击"删除"图标按钮或直接按 Del 键删除。

4.3.2 恢复删除

在命令行输入"OOPS",可以恢复最后一次用删除命令删除的对象。若要继续向前恢复被删除的对象,必须在命令行输入"UNDO"或"U",或选择"编辑"→"放弃"菜单项。单击"快速访问"工具栏上的图标按钮 也可以恢复被删除的对象。

4.4 基本变换

4.4.1 移动

1. 命令激活方式

功能区：默认→修改→

命令行：MOVE 或 M

菜单栏：修改→移动

工具栏：修改 →

2. 操作步骤

如图 4-7 所示，激活命令后，命令行提示：

选择对象：(选取需要移动的圆)找到 1 个

选择对象：↙

指定基点或[位移(D)]<位移>：(选取圆心 A 作为基准点)

指定第二个点或<使用第一个点作为位移>：(移动光标到点 B，单击确定)

注意：当系统提示"指定第二个点"时，也可以通过输入第二个点的绝对或相对坐标来确定第二点，或者通过移动光标确定移动方向后输入位移值来确定第二个点。

4.4.2 旋转

旋转是指使对象绕某一指定点旋转指定的角度。

1. 命令激活方式

功能区：默认→修改→⟳

命令行：ROTATE 或 RO

菜单栏：修改→旋转

工具栏：修改 →⟳

2. 操作步骤

激活命令后，命令行提示：

选择对象：(选定需要旋转的对象)找到 1 个

选择对象：↙

指定基点：(选定旋转中心)

指定旋转角度，或[复制(C)/参照(R)]：(输入旋转角度值或输入选项)↙

执行结果如图 4-8 所示。

选项说明如下。

1)"复制(C)"：旋转并复制原对象。

图 4-7 移动对象

(a) 移动前　(b) 移动后

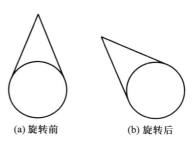

(a) 旋转前　　　　(b) 旋转后

图 4-8 旋转对象

2)"参照(R)":将对象从指定的角度旋转到新的绝对角度,即使选择对象旋转的角度为"新角度-参照角度"。

4.4.3　缩放

缩放是指使对象按指定比例进行缩放。

1.命令激活方式

功能区:默认→修改→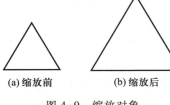

命令行:SCALE 或 SC

菜单栏:修改→缩放

工具栏:修改 →

2.操作步骤

激活命令后,命令行提示:

选择对象:(选定需要缩放的对象)找到 1 个

选择对象:↙

指定基点:(选定放大图形的中心点)

指定比例因子或[复制(C)/参照(R)]:(输入比例值或输入选项)↙

(a) 缩放前　　　　(b) 缩放后

图 4-9　缩放对象

执行结果:选择对象按指定的比例因子进行缩放,如图 4-9所示。

选项说明如下。

1)"复制(C)":进行缩放的同时保留原对象。

2)"参照(R)":缩放的比例因子为(新长度值÷参照长度值)。

4.5　复制对象的编辑命令

AutoCAD 2023 中可利用复制命令、镜像命令、偏移命令、阵列命令等来实现复制的功能。

4.5.1　复制

复制是指将对象进行复制,不必重复绘制相同或近似的图形。

1.命令激活方式

功能区:默认→修改→

命令行:COPY 或 CO

菜单栏:修改→复制

工具栏:修改→

2.操作步骤

复制命令的操作方法与移动命令的操作方法类似,省略。

4.5.2 镜像

镜像是指使对象相对于镜像线进行镜像复制,便于绘制对称或近似对称图形。

1. 命令激活方式

功能区:默认→修改→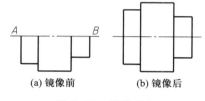

命令行:MIRROR 或 MI

菜单栏:修改→镜像

工具栏:修改→

2. 操作步骤

激活命令后,命令行提示:

选择对象:(选定需要镜像的对象)找到 1 个

选择对象:↙

指定镜像线的第一点:(捕捉镜像线上的第一个点,即点 *A*)

指定镜像线的第二点:(捕捉镜像线上的第二个点,即点 *B*)

要删除源对象吗?［是(Y)/否(N)］<N>:(输入相应选项以确定是否删除源对象)↙

执行结果如图 4-10 所示。

注意:镜像线由输入的两个点确定,不一定要真实存在。

(a) 镜像前 (b) 镜像后

图 4-10 镜像对象

4.5.3 偏移

偏移是指将对象进行平行复制,用于创建同心圆、平行线或等距曲线。

1. 命令激活方式

功能区:默认→修改→

命令行:OFFSET 或 O

菜单栏:修改→偏移

工具栏:修改→

2. 操作步骤

如图 4-11 所示,激活命令后,命令行提示:

指定偏移距离或［通过(T)/删除(E)/图层(L)］<默认>:5
(输入源对象 ϕ20 的偏移距离"5")↙

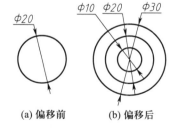

(a) 偏移前 (b) 偏移后

图 4-11 偏移对象

选择要偏移的对象,或［退出(E)/放弃(U)］<退出>:(选定源对象 ϕ20 圆)

指定要偏移的那一侧上的点,或［退出(E)/多个(M)/放弃(U)］<退出>:(单击源对象 ϕ20 的内部)

选择要偏移的对象,或［退出(E)/放弃(U)］<退出>:(选定源对象 ϕ20)

指定要偏移的那一侧上的点,或［退出(E)/多个(M)/放弃(U)］<退出>:(单击源对象 ϕ20 的外部)

部分选项说明如下。

1)"通过(T)":偏移对象通过选定点。

2)"删除(E)":确定是否删除源对象。

3)"图层(L)":确定将偏移对象创建在当前图层上,还是源对象所在的图层上。

4)"多个(M)":将对象偏移多次。

4.5.4　阵列

阵列是指使对象以指定矩形、环形或者路径阵列进行多重复制,用于绘制呈矩形、环形规律或者指定路径分布的相同结构。

1. 命令激活方式

功能区:默认→修改→□□ 或 ⸰⸰⸰ 或 ⸰⸰⸰

命令行:ARRAY 或 AR

菜单栏:修改→阵列

工具栏:修改→□□ 或 ⸰⸰⸰ 或 ⸰⸰⸰

2. 操作步骤

(1)矩形阵列

矩形阵列是将对象副本分布到行、列和标高的任意组合。

激活命令后,命令行提示:

选择对象:(选定需要阵列的对象)找到 1 个

选择对象:↙

输入阵列类型 [矩形(R)/路径(PA)/极轴(PO)] <矩形>:↙

此时,功能区弹出矩形阵列面板,如图 4-12 所示,通过该面板可以进行相关的设置。

注意:如果通过功能区或菜单栏或工具栏直接激活矩形阵列命令,则选择对象后,即可弹出矩形阵列面板。

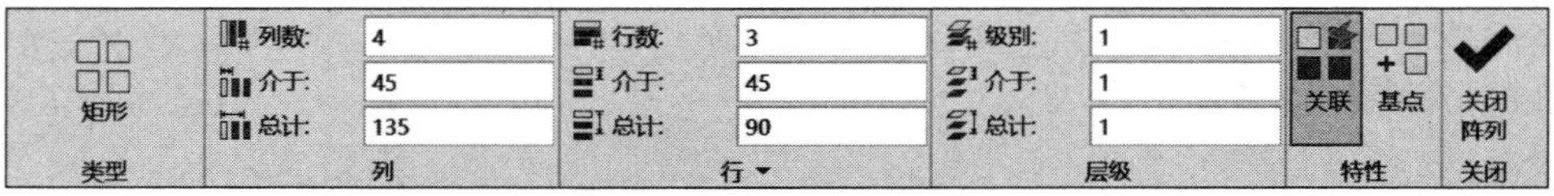

	类型		列			行 ▼			层级		特性	基点	关闭
	矩形	列数	4	行数	3	级别	1				关联		关闭阵列
		介于	45	介于	45	介于	1						
		总计	135	总计	90	总计	1						

图 4-12　矩形阵列面板

当然,可以继续通过命令行进行相关的输入设置,过程如下:

类型 = 矩形　关联 = 是

选择夹点以编辑阵列或 [关联(AS)/基点(B)/计数(COU)/间距(S)/列数(COL)/行数(R)/层数(L)/退出(X)] <退出>:COL↙

输入列数数或 [表达式(E)] <4>:↙

指定 列数 之间的距离或 [总计(T)/表达式(E)] <20.9188>:30↙

选择夹点以编辑阵列或 [关联(AS)/基点(B)/计数(COU)/间距(S)/列数(COL)/行数(R)/层数(L)/退出(X)] <退出>:R↙

输入行数数或［表达式（E）］<4>：3✓

指定 行数 之间的距离或［总计（T）/表达式（E）］<20.9188>：22✓

指定 行数 之间的标高增量或［表达式（E）］<0.0000>：✓

选择夹点以编辑阵列或［关联（AS）/基点（B）/计数（COU）/间距（S）/列数（COL）/行数（R）/层数（L）/退出（X）］<退出>：✓

执行结果如图 4-13 所示。

部分选项说明如下。

1）"关联（AS）"：指定阵列中的对象是关联的还是独立的。选择此选项后提示"创建关联阵列 ［是（Y）/否（N）]<是>："。选择"是"，包含单个阵列对象中的阵列项目，类似于块。使用关联阵列，可以通过编辑特性和源对象在整个阵列中快速传递更改。选择"否"，创建阵列项目作为独立对象，更改一个项目不影响其他项目。

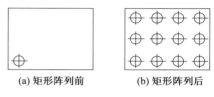

(a) 矩形阵列前　　(b) 矩形阵列后

图 4-13　矩形阵列

2）"基点（B）"：定义阵列基点和基点夹点的位置。选择此选项后提示"指定基点或［关键点（K）］<质心>："。"基点"是指定在阵列中放置项目的基点。"关键点"是指对于关联阵列，在源对象上指定有效的约束（或关键点）与路径对齐。如果编辑生成的阵列的源对象或路径，阵列的基点保持与源对象的关键点重合。

3）"计数（COU）"：指定行数和列数并使用户在移动光标时可以动态观察结果（一种比"行数（R）"和"列数（COL）"选项更快捷的方法）。选择此选项后提示"输入列数数或［表达式（E）］<默认>："，"表达式（E）"是基于数学公式或方程式导出值。

4）"间距（S）"：指定行间距和列间距并使用户在移动光标时可以动态观察结果。选择此选项后提示"指定列之间的距离或［单位单元（U）］<默认>："。"列之间的距离"是指定从每个对象的相同位置测量的每列之间的距离。"单位单元（U）"是通过设置等同于间距的矩形区域的每个角点来同时指定行间距和列间距。指定列之间的距离后提示"指定行之间的距离<默认>："，"行之间的距离"是指定从每个对象的相同位置测量的每行之间的距离。

5）"列数（COL）"：设置阵列中的列数和列间距。输入列数后提示"指定 列数 之间的距离或［总计（T）/表达式（E）］<默认>："。"列数之间的距离"是指定从每个对象的相同位置测量的每列之间的距离。"总计（T）"是指定从开始和结束对象上的相同位置测量的起点和终点列之间的总距离。"表达式（E）"是基于数学公式或方程式导出值。

6）"行数（R）"：指定阵列中的行数、它们之间的距离以及行之间的标高增量。输入行数和行数之间的距离后提示"指定 行数 之间的标高增量或［表达式（E）］<0>："。"标高增量"是设置每个后续行的增大或减小的标高。"表达式（E）"是基于数学公式或方程式导出值。

7）"层数（L）"：指定三维阵列的层数和层间距。

8）"退出（X）"：退出命令。

（2）环形阵列

环形阵列是围绕中心点或旋转轴在环形阵列中均匀分布对象副本。

环形阵列命令的激活方式与矩形阵列命令类同，通过功能区或菜单栏或工具栏激活环形阵列命令后，命令行提示：

选择对象:(选定需要阵列的对象)↙

此时,功能区弹出环形(极轴)阵列面板,如图 4-14 所示,通过该面板可以进行相关的设置。

图 4-14 环形(极轴)阵列面板

当然,也可按命令行提示进行相应操作,过程如下:

类型=极轴　关联=是

指定阵列的中心点或[基点(B)/旋转轴(A)]:(指定阵列的中心点)

选择夹点以编辑阵列或[关联(AS)/基点(B)/项目(I)/项目间角度(A)/填充角度(F)/行(ROW)/层(L)/旋转项目(ROT)/退出(X)]<退出>:↙

执行结果如图 4-15 所示。

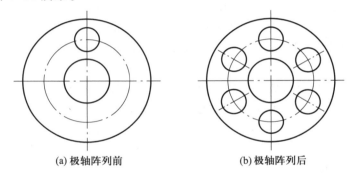

(a) 极轴阵列前　　　　　　　(b) 极轴阵列后

图 4-15 极轴阵列

部分选项说明如下。

1)"指定阵列的中心点":指定分布阵列项目所围绕的点。旋转轴是当前 UCS 的 Z 轴。

2)"基点(B)":指定阵列的基点。"基点"是指定用于阵列中放置对象的基点。

3)"旋转轴(A)":指定由两个指定点定义的自定义旋转轴。

4)"关联(AS)":指定阵列中的对象是关联的还是独立的。

5)"项目(I)":使用值或表达式指定阵列中的项目数。

6)"项目间角度(A)":使用值或表达式指定项目之间的角度。

7)"填充角度(F)":使用值或表达式指定阵列中第一个和最后一个项目之间的角度。

8)"行(ROW)":指定阵列中的行数、它们之间的距离以及行之间的增量标高。

9)"层(L)":指定三维阵列的层数和层间距。

10)"旋转项目(ROT)":控制在排列项目时是否旋转项目。

（3）路径阵列

路径阵列是沿路径或部分路径均匀分布对象副本。

通过功能区或菜单栏或工具栏激活路径阵列命令后,命令行提示:

选择对象:(选定需要阵列的对象)↵

此时,功能区弹出路径阵列面板,如图4-16所示,通过该面板可以进行相关的设置。

图4-16 路径阵列面板

当然,也可按命令行提示进行相应操作,过程如下:

类型=路径 关联=是

选择路径曲线:(选定阵列对象的路径曲线)

选择夹点以编辑阵列或[关联(AS)/方法(M)/基点(B)/切向(T)/项目(I)/行(R)/层(L)/对齐项目(A)/z方向(Z)/退出(X)]<退出>:↵

执行结果如图4-17所示。

部分选项说明如下。

1)"选择路径曲线":指定用于阵列路径的对象,可选择直线、多段线、三维多段线、样条曲线、螺旋、圆弧、圆或椭圆。

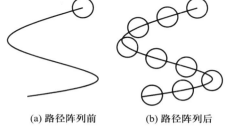

(a)路径阵列前　　(b)路径阵列后

图4-17 路径阵列

2)"方法(M)":控制如何沿路径分布项目。选择此选项后提示"输入路径方法[定数等分(D)/定距等分(M)]<默认>:"。"定数等分(D)"是以指定项目数沿路径分布项目。"定距等分(M)"是以指定的间隔沿路径分布项目。

3)"基点(B)":以指定的间隔沿路径分布项目。选择此选项后提示"指定基点或[关键点(K)]<路径曲线的终点>:"。"基点"是指定用于在相对于路径曲线起点的阵列中放置项目的基点。"关键点(K)"是对于关联阵列,在源对象上指定有效的约束(或关键点)以与路径对齐。如果编辑生成阵列的源对象或路径,阵列的基点保持与源对象的关键点重合。

4)"切向(T)":指定阵列中的项目如何相对于路径的起始方向对齐。选择此选项后提示指定切向矢量的两点,这两点是指定表示阵列中的项目相对于路径的切线的两个点。两个点连线矢量建立阵列中第一个项目的切线。

5)"项目(I)":与"方法(M)"选项的设置方法类似,指定项目数或项目之间的间隔。

6)"对齐项目(A)":指定是否对齐每个项目以与路径的方向相切。对齐相对于第一个项目的方向。

7)"z方向(Z)":控制是否保持项目的原始Z方向或沿三维路径自然倾斜项目。

4.6 修改对象的形状

4.6.1 修剪与延伸

AutoCAD中可以通过修剪或延伸对象使其与其他对象的边平齐。

1. 修剪

修剪是指利用由某些对象定义的剪切边(边界)来修剪指定的对象。

(1) 命令激活方式

功能区:默认→修改→✂

命令行:TRIM 或 TR

菜单栏:修改→修剪

工具栏:修改→✂

(2) 操作步骤

如图 4-18 所示,激活命令后,命令行提示:

选择要修剪的对象,或按住 Shift 键选择要延伸的对象,或[剪切边(T)/窗交(C)/模式(O)/投影(P)/删除(R)]:(在 A、B 点之间选定需要剪切的图线 AB)

如果将图 4-18 中的左图,修剪为图 4-19 中的右图,直接选择图线 AB、BC、CD、DE、EA 即可。

(a) 修剪前   (b) 修剪后

图 4-18   修剪对象

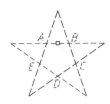 

图 4-19   快速修剪对象

部分选项说明如下。

1)"剪切边(T)":指定要剪切图线的边界线。如图 4-18 所示,AE 和 BC 是剪切图线 AB 的剪切边。

2)"窗交(C)":指定两个角点的矩形窗口内部或与之相交的对象将被修剪。

3)"模式(O)":选择此选项,可以选择修剪模式。AutoCAD 2023 中有快速和标准两个模式。

4)"投影(P)":指定修剪时使用的投影方法。主要用于设置三维空间中两个对象的修剪方式。

5)"删除(R)":将其后选定的对象删除。点击鼠标右键退出后,仍执行修剪操作。

2. 延伸

延伸是指将对象延伸到由某些对象定义的边界边。

(1) 命令激活方式

功能区:默认→修改→⟶|

命令行:EXTEND 或 EX

菜单栏:修改→延伸

工具栏:修改→⟶|

(2) 操作步骤

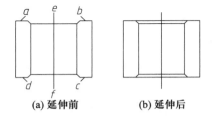

(a) 延伸前   (b) 延伸后

图 4-20   延伸对象

如图 4-20 所示,激活命令后,命令行提示:

选择要延伸的对象,或按住 Shift 键选择要修剪的对象或[边界边(B)/窗交(C)/模式(O)/投影(P)]:(分别单击图线 a、b、c、d 靠近边界图线的一侧)

4.6.2 打断

打断是指将对象在某点处打断,一分为二;或者在两点之间打断对象,即删除两点之间的部分对象。例如,可以通过打断命令调整中心线等对象的长度,同时也可由此解决中心线、虚线等不能相交于空隙的问题,另外可将圆变为圆弧,打断与标注内容重合的图线等。

1. 命令激活方式

功能区:默认→修改→ ⬚ 、 ⬚

命令行:BREAK 或 BR

菜单栏:修改→打断

工具栏:修改→ ⬚ (打断);修改→ ⬚ (打断于点)

2. 操作步骤

(1)打断

激活打断命令后,按命令行提示拾取对象上的第一个打断点,之后可进行如下几种操作:

1)直接选取同一对象上的另一点,此时将删除位于两个打断点之间的那部分对象。对于圆、矩形等封闭对象将沿逆时针方向把从第一个打断点到第二个打断点之间的圆弧或直线段删除。

2)在选择对象的一端之外确定一点,此时将使位于两个打断点之间的那部分对象被删除,相当于对对象进行剪切。

3)在命令行输入"@↙",此时将使第二个打断点与第一个打断点重合,从而将对象一分为二,变为两个对象。

4)在命令行输入"F↙",此时命令行将提示"指定第一个打断点:",重新选择第一个打断点。

(2)打断于点

激活打断于点命令后拾取打断对象,接着再选取打断点。对象将从打断点处被一分为二,变为两个对象。

"打断于点"是"打断"的一种特殊情况,在执行打断于点命令时相当于在执行打断命令,只是在执行过程中,系统自动执行了某些特定选项。

4.6.3 拉伸

拉伸可以重新定义对象各端点的位置,从而移动或拉伸(压缩)对象。拉伸主要用于系列零件的修改。

1. 命令激活方式

功能区:默认→修改→ ⬚

命令行:STRETCH 或 S

菜单栏:修改→拉伸

工具栏:修改→ ⬚

2. 操作步骤

激活命令后,命令行提示:

选择对象:(从右向左拉选择窗口,框选需要拉伸的对象)

选择对象:↙

指定基点或[位移(D)]<位移>:

1)指定基点,命令行接着提示:

指定第二个点或<使用第一个点作为位移>:[输入坐标值(相对坐标或绝对坐标)或拖动光标确定基点的目标位置或对水平(或竖直)拉伸直接输入距离值]

2)若输入"D↙",命令行接着提示:

指定位移<0.00,0.00,0.00>:(输入 X、Y 方向位移)↙

执行结果如图 4-21 所示。

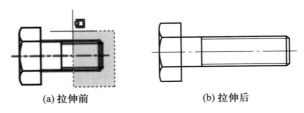

(a)拉伸前　　　　　　　　　(b)拉伸后

图 4-21　拉伸对象

执行拉伸命令时,完全在选择窗口之内的对象将被移动,部分在选择窗口之内的对象将遵循以下规则进行移动或拉伸(压缩)。

直线:位于窗口外的端点不动,位于窗口内的端点被移动,直线被拉伸或压缩。

圆弧:与直线的改变规则类似。但在圆弧的改变过程中,圆弧的弦高保持不变,同时调整圆心的位置和圆弧起始角、终止角的值。

多段线:与直线或圆弧的改变规则相似,但多段线两端的宽度、切线方向以及曲线拟合信息均不改变。

其他对象:如果对象的定义点位于选择窗口内,对象发生移动,否则不移动。其中,圆的定义点为圆心,块的定义点为插入点,文字和属性的定义点为字符串基线的左端点。

4.6.4　拉长

拉长是指改变线段或圆弧等对象的长度。

1. 命令激活方式

功能区:默认→修改→![icon]

命令行:LENGTHEN 或 LEN

菜单栏:修改→拉长

2. 操作步骤

激活命令后,命令行将提示"选择要测量的对象或[增量(DE)/百分比(P)/总计(T)/动态(DY)]<总计(T)>:",各选项说明如下。

1)"选择要测量的对象":用于显示所指定直线的现有长度,或圆弧的现有长度和包含角度。

2)"增量(DE)":执行该选项后,命令行将提示"输入长度增量或[角度(A)]<默认值>:",

若需要拉长的对象为直线,则直接输入长度增量(输入正值为拉长,输入负值为缩短);若需要拉长的对象为圆弧,则输入"A↙",接着输入圆弧对象的包含角增量。输入增量值后,命令行接着提示"选择要修改的对象或[放弃(U)]:",选择对象执行修改并按 Enter 键退出命令。

3)"百分比(P)":该选项操作与上类同。对象将按指定的百分比改变长度。当输入的值为 100 时,对象长度不变;值小于 100 时,对象缩短;值大于 100 时,对象拉长。

4)"总计(T)":该选项操作与上类同。对象按输入尺寸改变。

5)"动态(DY)":执行该选项后,在选择对象之后命令行提示"指定新端点:",此时通过鼠标以拖动的方式动态确定线段或圆弧的新端点位置。

4.6.5 倒角

倒角是指用指定的直线段连接两条不平行的直线。

1. 命令激活方式

功能区:默认→修改→╱

命令行:CHAMFER 或 CHA

菜单栏:修改→倒角

工具栏:修改→╱

2. 操作步骤

一般情况下,应首先输入倒角距离。激活命令后,命令行提示:

("修剪"模式)当前倒角距离 1 = <当前设定值>,距离 2 = <当前设定值>

选择第一条直线或[放弃(U)/多段线(P)/距离(D)/角度(A)/修剪(T)/方式(E)/多个(M)]:D↙

指定 第一个 倒角距离<当前设定值>:(输入第一个倒角距离)↙

指定 第二个 倒角距离<默认输入的第一个倒角距离>:(如果倒45°角,则直接回车,其他情况输入第二个倒角距离)↙

选择第一条直线或[放弃(U)/多段线(P)/距离(D)/角度(A)/修剪(T)/方式(E)/多个(M)]:(选定要进行倒角的第一条直线或输入选项)

选择第二条直线,或按住 Shift 键选择直线以应用角点或[距离(D)/角度(A)/方法(M)]:(选定要进行倒角的第二条直线。如果在选定第二条直线的同时按下 Shift 键,则会使被选择的两条直线直接相交,相当于倒角距离为 0)

选项说明如下。

1)"放弃(U)":恢复命令中上一次执行的操作。

2)"多段线(P)":在被选择的多段线的各顶点处按当前倒角设置创建出倒角。

3)"距离(D)":分别指定第一个和第二个倒角距离。

4)"角度(A)":根据第一条直线的倒角距离及倒角角度来设置倒角尺寸,如图 4-22 所示。

5)"修剪(T)":设置倒角"修剪"模式,即设置是否对倒角边进行修剪。

6)"方式(E)":设置倒角方式。控制倒角命令是使用"两个距离"还是使用"一个距离和一个角度"来创建倒角。

7)"多个(M)":可在命令中进行多次倒角操作。

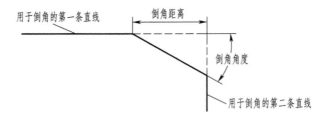

图 4-22 倒角距离与倒角角度的含义

4.6.6 圆角

圆角是指用指定半径的圆弧光滑地连接两个选定对象。

1. 命令激活方式

功能区:默认→修改→

命令行:FILLET 或 F

菜单栏:修改→圆角

工具栏:修改→

2. 操作步骤

一般情况下,应首先输入圆角半径值。激活命令后,按命令行提示:

当前设置:模式 = 修剪,半径 = <当前设定值>

选择第一个对象或[放弃(U)/多段线(P)/半径(R)/修剪(T)/多个(M)]:R↙

指定圆角半径<当前设定值>:(输入圆角半径值)↙

选择第一个对象或[放弃(U)/多段线(P)/半径(R)/修剪(T)/多个(M)]:(选定需要倒圆角的第一个对象或输入选项)

选择第二个对象,或按住 Shift 键选择对象以应用角点或[半径(R)]:(选定需要倒圆角的第二个对象)

选项说明如下。

"半径(R)":输入圆角半径值。

其他选项功能与倒角命令相同。

4.6.7 分解

对于多段线、标注、图案填充或块等合成对象,可以使用分解命令将其转换为单个的图形元素,以便于对其包含的元素进行修改。

1. 命令激活方式

功能区:默认→修改→

命令行:EXPLODE 或 X

菜单栏:修改→分解

工具栏:修改→

2. 操作步骤

激活命令后,按命令行提示选择对象后点击鼠标右键或按 Enter 键结束。

4.6.8　合并

合并是指将多个对象合成一个对象。

1. 命令激活方式

功能区:默认→修改→ ➡⊩

命令行:JOIN

菜单栏:修改→合并

工具栏:修改→ ➡⊩

2. 操作步骤

激活命令后,命令行提示"选择源对象或要一次合并的多个对象:",直线、圆弧、椭圆弧、多段线或样条曲线均可作为源对象。根据源对象的种类不同,执行中的提示稍有不同,但操作过程基本相同。下面以直线、圆弧为例说明。

（1）直线

选择直线后,命令行提示"选择要合并的对象:",选择一条或多条直线后点击鼠标右键或按 Enter 键结束。合并的直线必须共线,如图 4-23 所示。

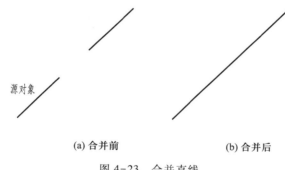

(a) 合并前　　　　　(b) 合并后

图 4-23　合并直线

（2）圆弧

选择圆弧后,命令行提示"选择要合并的对象:",选择一条或多条圆弧后点击鼠标右键或按 Enter 键结束。合并的圆弧必须在一个假想圆上,如图 4-24 所示。

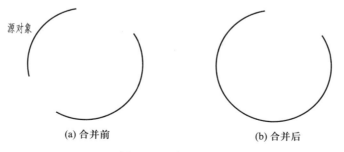

(a) 合并前　　　　　(b) 合并后

图 4-24　合并圆弧

注意：当合并圆弧时,将从作为源对象的圆弧开始沿逆时针方向合并圆弧。

4.7　夹点模式编辑

在不执行命令时,直接选择对象,在对象上某些部位会出现实心小方框(默认显示颜色为蓝色),这些实心小方框就是夹点,夹点就是对象上的控制点,可以利用夹点来编辑图形对象,快速实现对象的拉伸、移动、旋转、缩放及镜像操作。

4.7.1　控制夹点显示

在默认情况下,夹点是打开的。可以通过选择"工具"→"选项"菜单项来打开如图 4-25 所示的"选项"对话框,然后单击"选择集"选项卡。在"夹点尺寸"选项区域可以通过拖动滑块设置夹点的大小,在"夹点"选项区域中可以设置是否启用夹点以及夹点显示的颜色等。

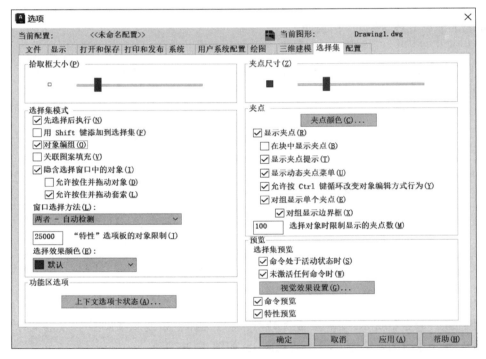

图 4-25　"选项"对话框("选择集"选项卡)

利用夹点进行编辑操作时,选择的对象不同,在对象上显示出的夹点数量和位置也不相同。表 4-1 列举了 AutoCAD 2023 中常见对象的夹点特征。

表 4-1　AutoCAD 2023 中常见对象的夹点特征

对象类型	特征点及其位置
线段	两个端点和中点
射线	起点和射线上的一个点

续表

对象类型	特征点及其位置
多段线	直线段的两端点、圆弧段的中点和两端点
样条曲线	拟合点和控制点
构造线	控制点和线上邻近两点
多线	控制线上直线段的两个端点
圆	圆心和 4 个象限点
圆弧	两个端点和中点
椭圆	中心点和 4 个象限点
椭圆弧	中心点、中点和两个端点
单行文字	定位点和第二个对齐点（如果有的话）
多行文字	各顶点
属性	文字行定位点（插入点）
尺寸	尺寸线和尺寸界线的端点、尺寸文字的中心点

4.7.2　用夹点模式编辑对象

用夹点模式编辑对象,必须在不执行任何命令的情况下,选择要编辑的对象。默认情况下,选择后以蓝色显示对象的夹点。单击该夹点（或同时按下 Shift 键选择多个夹点）,夹点显示为红色（默认情况）,可编辑该对象。下面分别介绍夹点模式中的各种编辑方法。

1. 拉伸

选择对象以显示夹点,单击选取一个夹点作为基夹点,将激活默认的"拉伸"夹点模式,命令行提示:

＊＊拉伸＊＊

指定拉伸点或[基点(B)/复制(C)/放弃(U)/退出(X)]:

此时可输入点坐标或拾取一个点作为基夹点拉伸后的位置,即可完成拉伸操作。

如图 4-26 所示,左图中的水平中心线需要拉伸至右图长度。单击该直线显示三个蓝色夹点,再单击右侧蓝色夹点,使其变为红色,然后向右移动光标至合适位置,单击完成操作。

图 4-26　利用夹点功能拉伸对象

选项说明如下。

1)"基点(B)":重新确定拉伸的基点。

2)"复制(C)":将允许用户选择确定多个拉伸点,从而可进行多次的复制拉伸操作。

3)"放弃(U)":取消上一次的操作。

4)"退出(X)":退出当前的操作。

注意:

1)默认情况下,指定的拉伸点如果为直线中点、圆心或块的插入点等,对象将被移动而不是被拉伸。

2)拉伸对象时,一般需关闭对象捕捉功能。

2. 移动

选择对象以显示夹点,并选择其中的一个夹点进入默认拉伸夹点模式后,按 Enter 键,或在点击鼠标右键弹出的快捷菜单中选择"移动"菜单项,或在命令行输入"MO✓",进入移动模式,命令行将提示:

＊＊ MOVE ＊＊

指定移动点或[基点(B)/复制(C)/放弃(U)/退出(X)]:

其操作方法与移动命令完全相同。

注意:在移动对象的同时按住 Ctrl 键,可在移动时复制选择对象。

3. 旋转

选择对象以显示夹点,并选择一个夹点进入默认拉伸夹点模式后,在点击鼠标右键弹出的快捷菜单中选择"旋转"菜单项,或在命令行输入"RO✓",进入旋转模式,命令行将提示:

＊＊ 旋转 ＊＊

指定旋转角度或[基点(B)/复制(C)/放弃(U)/参照(R)/退出(X)]:

其操作方法与旋转命令完全相同。

注意:在旋转对象的同时按住 Ctrl 键,可在旋转时复制选择对象。

4. 缩放

选择对象以显示夹点,并选择一个夹点进入默认"拉伸"夹点模式后,在点击鼠标右键弹出的快捷菜单中选择"缩放"菜单项,或在命令行输入"SC✓",即可进入缩放模式,命令行将提示:

＊＊ 比例缩放 ＊＊

指定比例因子或[基点(B)/复制(C)/放弃(U)/参照(R)/退出(X)]:

其操作方法与缩放命令完全相同。

注意:在缩放对象的同时按住 Ctrl 键,可在缩放时复制选择对象。

4.8   编辑多线等复杂二维图形

4.8.1   编辑多线

1. 命令激活方式

命令行:MLEDIT

菜单栏:修改→对象→多线

2. 操作步骤

激活命令后,将弹出图 4-27 所示的"多线编辑工具"对话框,在"多线编辑工具"选项区域列出了 12 种编辑多线的工具,图标按钮形象地说明了相应的编辑功能,单击需要的图标按钮,可以使用相应的多线编辑工具。

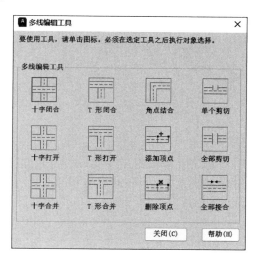

图 4-27 "多线编辑工具"对话框

例 4-1 将图 4-28a 所示的多线图形编辑为图 4-28b 所示的多线图形。

1)激活编辑多线命令,弹出"多线编辑工具"对话框。单击"十字打开"图标按钮,此时"多线编辑工具"对话框消失,命令行提示:

选择第一条多线:(选择长度较短的水平多线)

选择第二条多线:(选择竖直的多线)

选择第一条多线或[放弃(U)]:↙

执行结果如图 4-28c 所示。

(a) 原图   (b) 最终效果   (c) 中间效果

图 4-28 编辑多线

2)再次激活编辑多线命令,弹出"多线编辑工具"对话框。单击"T 形打开"图标按钮,命令行提示:

选择第一条多线:(选择竖直多线,注意拾取点要在较长水平多线的上方)

选择第二条多线:(选择长度较长的水平多线)

选择第一条多线或［放弃（U）］：↙

执行结果如图 4-28b 所示。

4.8.2 编辑多段线

1. 命令激活方式

功能区：默认→修改→ ✐

命令行：PEDIT 或 PE

菜单栏：修改→对象→多段线

工具栏：修改Ⅱ→ ✐

2. 操作步骤

激活命令后，命令行提示：

选择多段线或［多条（M）］：（选定要编辑的多段线，输入"M"可以选择多条多段线）

输入选项 ［闭合（C）/合并（J）/宽度（W）/编辑顶点（E）/拟合（F）/样条曲线（S）/非曲线化（D）/线型生成（L）/反转（R）/放弃（U）］：

各选项说明如下。

1）"闭合（C）"：将选取的多段线首尾相连。

2）"合并（J）"：将所选直线、圆弧转换为多段线并连接到当前多段线上，或将所选多段线连接到当前多段线上。

3）"宽度（W）"：指定多段线整体新的宽度。

4）"编辑顶点（E）"：编辑多段线的顶点。

5）"拟合（F）"：将多段线拟合成曲线，如图 4-29 所示。其中，拟合曲线将经过多段线的所有顶点。

6）"样条曲线（S）"：用样条曲线拟合多段线，如图 4-30 所示。

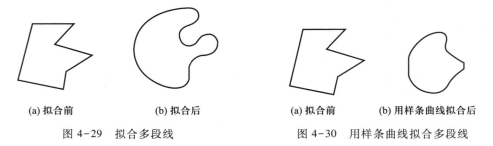

(a) 拟合前　　(b) 拟合后　　　　(a) 拟合前　　(b) 用样条曲线拟合后

图 4-29　拟合多段线　　　　图 4-30　用样条曲线拟合多段线

7）"非曲线化（D）"：将所有的曲线删除，并用多个顶点连接。此项是上一选项的逆命令。

8）"线型生成（L）"：设置非连续型多段线（点画线及虚线）在顶点处的绘制方式。

9）"反转（R）"：反转多段线顶点的顺序。使用此选项可反转使用包含文字线型的对象的方向。

10）"放弃（U）"：取消该编辑命令中的上一次操作。

4.8.3 编辑样条曲线

1. 命令激活方式

功能区:默认→修改→ ✐

命令行:SPLINEDIT 或 SPE

菜单栏:修改→对象→样条曲线

工具栏:修改Ⅱ→ ✐

2. 操作步骤

激活命令后,根据命令行将提示进行如下操作:

选择样条曲线:(选定要编辑的样条曲线)

输入选项［闭合(C)/合并(J)/拟合数据(F)/编辑顶点(E)/转换为多段线(P)/反转(R)/放弃(U)/退出(X)]<退出>:

各选项说明如下。

1)"闭合(C)":封闭样条曲线。

2)"合并(J)":将选定的样条曲线与其他样条曲线、直线、多段线和圆弧在重合端点处合并,以形成一个较大的样条曲线。

3)"拟合数据(F)":修改样条曲线通过的一些特殊点。

4)"编辑顶点(E)":重新定义样条曲线上的控制点。

5)"转换为多段线(P)":将样条曲线转换为多段线。

6)"反转(R)":改变曲线的方向,而且交换样条曲线的起点和终点位置。

7)"放弃(U)":取消上一次的编辑操作。

8)"退出(X)":退出此命令。

4.9 图形编辑实例

例 4-2 应用图形编辑命令,完成图 4-31 中图形的绘制(线型、剖面线不在本章涉及范围内)。

操作步骤:

打开对象捕捉功能,以方便作图过程中拾取特征点。

1. 画主视图

1)如图 4-32a 所示,画中心线 *ab*、*cd*;执行偏移命令,将 *cd* 向左偏移 50;分别画圆 $\phi20$、$\phi30$;执行偏移命令,分别画同心圆 $\phi40$、$\phi50$;画两条与 $\phi40$ 圆相切的水平线。

例 4-2 的
操作过程

2)如图 4-32b 所示,使用夹点功能,将直线 *cd*、*ef* 拉伸到合适长度;执行修剪命令,剪去 $\phi40$ 右半圆;执行镜像命令,以 *cd* 为镜像线,将左半部分图形(除 *ab* 线,同心圆 $\phi30$、$\phi50$ 外)镜像。

3)如图 4-32c 所示,使用夹点功能,将直线 *ab* 拉伸到合适长度;执行打断于点命令,将直线 *ab* 在 *o* 点打断;执行旋转命令,以 *o* 点为中心,将右半部分图形旋转 30°。

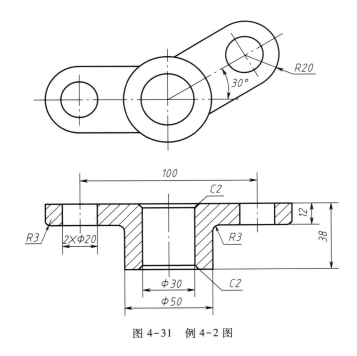

图 4-31 例 4-2 图

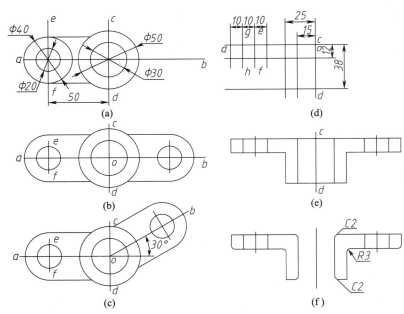

图 4-32 操作过程

2. 画俯视图

1）如图 4-32d 所示，执行复制命令，复制直线 *oa*、*cd*、*ef*，并使用夹点功能，将直线 *cd*、*ef* 拉伸到合适位置和长度；执行偏移命令，将直线 *cd* 分别向左偏移 15、25；执行一次偏移命令，将

直线 *ef* 向左、右各偏移 10,再将直线 *gh* 向左偏移 10;执行偏移命令,将直线 *oa* 分别向下偏移 12、38。

　　2)如图 4-32e 所示,执行剪切命令,剪去多余的图线;执行镜像命令,以 *cd* 为镜像线,将左半部分图形镜像。

　　3)如图 4-32f 所示,执行圆角命令进行圆角操作(注意:激活圆角命令并输入圆角半径后,应在提示行输入字母"M",以便进行多次圆角);执行倒角命令,倒 45°角(注意:倒内角时,系统自动删除倒角内的直线)。

　　4)如图 4-33 所示,执行延伸命令,分别将倒角两侧断开的直线延伸到直线 *cd* 上;执行直线命令,画倒角内的直线;执行移动命令,将两个视图对齐放置,并保持合适的间距。

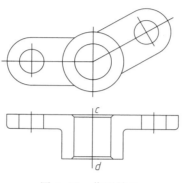

图 4-33　作图结果

习　　题

1. 选择对象的一般方法有哪些?
2. 使用阵列等命令,绘制图 4-34 所示的图形(不要求线型)。
3. 使用复制、阵列、圆角、修剪等命令,绘制图 4-35 所示的图形(不要求线型)。

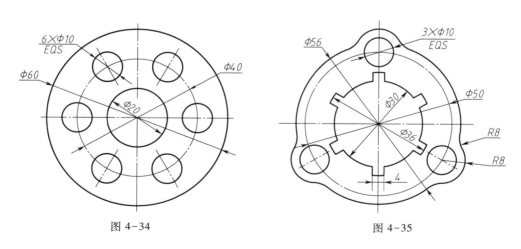

图 4-34　　　　　　　　　　　　　　　　　图 4-35

4. 使用偏移、修剪等命令,绘制图 4-36 所示的图形(不要求线型)。

5. 使用倒角、圆角、镜像等命令,绘制图 4-37 所示的图形(不要求线型)。

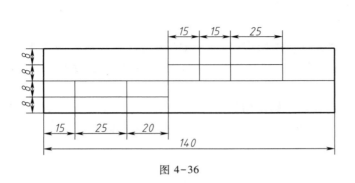

图 4-36

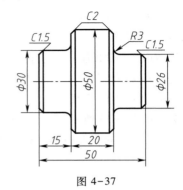

图 4-37

第5章 创建文本和表格

绘制工程图样时,需要用文字对图形作必要的说明和注释,如技术要求、施工要求等。表格在图样中也经常出现,如标题栏、明细栏、门窗表等。使用 AutoCAD 2023 中的文本和表格功能,可以轻松、快捷地在图样中创建文字和表格。

5.1 字体的要求与配置

5.1.1 字体的要求

CAD 工程图中所用的字体应按国家标准 GB/T 18594—2001 的要求书写。GB/T 18594—2001 规定了在计算机辅助设计的技术产品文件中所用到的拉丁字母、数字和符号的书写形式及要求,使 CAD 的开发与应用单位有章可循。

5.1.2 字体的配置

使用 AutoCAD 2023 提供的文字样式功能,可对文字字体进行配置。

1. 命令激活方式

功能区:默认→注释→

命令行:STYLE 或 ST

菜单栏:格式→文字样式

工具栏:文字→

2. 操作步骤

激活命令后,弹出图 5-1 所示的"文字样式"对话框。该对话框中部分选项的说明如下。

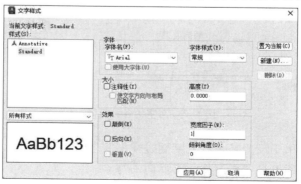

图 5-1 "文字样式"对话框

1）"样式"选项区域：用于显示当前文字样式名称和所有文字样式的名称，还可以创建新的文字样式、将另一种文字样式置为当前文字样式和删除文字样式等。

① "当前文字样式"：列出了当前使用的文字样式，默认文字样式为 Standard（标准）。

② "样式"列表框：显示图形中的所有文字样式。

③ "所有样式"下拉列表：在其下拉列表中指定所有样式或仅使用中的样式显示在样式列表中。

④ "新建"按钮：单击该按钮，将打开图 5-2 所示的"新建文字样式"对话框。在该对话框中，可创建新的文字样式名称。新建文字样式将显示在"样式"列表框中。

图 5-2　"新建文字样式"对话框

⑤ "置为当前"按钮：将在"样式"列表框中选定的样式设定为当前。

⑥ "删除"按钮：可以删除已存在的文字样式，但无法删除已经被使用了的文字样式和默认的 Standard 样式。

2）"字体"和"大小"选项区域：用于设置文字样式中使用的字体样式和字高等属性。为方便按照国家标准规定设置字体，表 5-1 提供了图样中常用的字及"字体"选项区域内容设置的对应关系。

表 5-1　图样中的常用字及"字体"选项区域中内容设置的对应关系

图样中的常用字	字体名	高度/mm	字体样式	宽度因子	倾斜角度
汉字	汉仪长仿宋体	5、7、10、14、20	常规	1	0
字母	Romantic	7、5、3.5			
数字	Romantic	5、3.5			

注意：如果将文字的字高设为 0，在标注文字时，系统字高的默认值为 2.5。在注写文字时，如果不改变字体高度，系统将按字高为 2.5 注写文字。

3）"效果"选项区域：用于设置文字的显示效果，如图 5-3 所示。

图 5-3　文字的各种效果

① "颠倒"复选框：用于设置是否将文字倒过来书写。

② "反向"复选框：用于设置是否将文字反向书写。

③"垂直"复选框:用于设置是否将文字竖直书写,但竖直效果对汉字字体无效。

④"宽度因子"文本框:用于设置文字字符的高度和宽度之比。

⑤"倾斜角度"文本框:用于设置文字的倾斜角度。

4)预览框:可以预览所选择或所设置的文字样式效果。

设置完文字样式后,单击"应用"按钮即可应用文字样式。

一般来说,在实际绘制 CAD 工程图时,要设置多种文字样式,以满足图样中的文字注写或标注要求。

5.2 文本标注

文本标注分单行文本标注和多行文本标注。单行文本标注,主要用来创建文字内容比较简短的文字,但每一行都是一个文字对象,可以进行单独编辑。多行文本标注,主要用来创建两行以上的文字(如图样中的技术要求),AutoCAD 把它们作为一个整体处理。

5.2.1 注写单行文字

1. 命令激活方式

命令行:TEXT 或 DT

菜单栏:绘图→文字→单行文字

2. 操作步骤

激活命令后,命令行提示如下:

当前文字样式:"Standard"   当前文字高度:0.2000   注释性:否   对正:左

指定文字的起点 或 [对正(J)/样式(S)]:

提示中第一行说明的是当前文字标注的设置,默认是上次标注时采用的文字样式设置。

提示中第二行各选项说明如下。

1)"指定文字的起点":用于确定文字行的位置。默认情况下,以单行文字行基线的起点来创建文字。

2)"对正(J)":用于设置文字的排列方式。提示信息后输入"J↙",命令行显示如下提示。

输入选项 [左(L)/居中(C)/右(R)/对齐(A)/中间(M)/布满(F)/左上(TL)/中上(TC)/右上(TR)/左中(ML)/正中(MC)/右中(MR)/左下(BL)/中下(BC)/右下(BR)]:

此提示中部分选项的说明如下。

① 对齐(A):用文字行基线的始点与终点来控制文本的排列方式。

② 布满(F):要求用户指定文字行基线的始点、终点位置以及文字的字高。

③ 居中(C):要求用户指定文字行基线的中点、文字的高度、文字的旋转角度。

④ 中间(M):此选项要求确定一点作为文字行的中间点,即以该点作为文字行在水平、竖直方向上的中点。

其他选项为文字的对正方式,显示效果如图 5-4 所示。

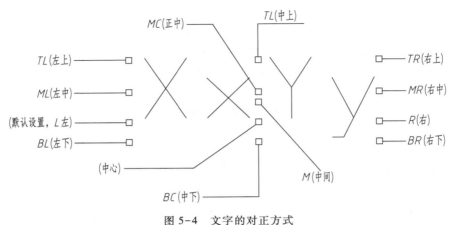

图 5-4　文字的对正方式

3)"样式(S)":用于设置当前使用的文字样式。选择该选项时,命令行显示如下提示。

输入样式名或[?]<Standard>:

用户可以直接输入文字样式的名称。若输入"?",则在命令行文本窗口中显示当前图形中已有的文字样式。

另外,在实际设计绘图中往往需要标注一些特殊的字符。例如,文字的上画线、下画线、直径符号等。这些特殊字符不能从键盘上直接输入,为此 AutoCAD 提供了相应的控制符,以实现这些标注要求。AutoCAD 的控制符一般由两个百分号(%%)和一个字母组成,常用的标注控制符见表 5-2。

表 5-2　AutoCAD 常用的标注控制符

控 制 符	功　　能	结　　果	样　　例
%%O	打开或关闭文字上画线	<u>AutoCAD</u> 2015	%%O AutoCAD%%O 2015
%%U	打开或关闭文字下画线	<u>AutoCAD</u> 2015	%%U AutoCAD%%U 2015
%%D	标注度(°)符号	90°	90%%D
%%P	标注正负公差(±)符号	135±0.027	135%%P0.027
%%C	标注直径(φ)符号	φ50	%%C50

在"输入文字:"提示下,输入控制符时,这些控制符也临时显示在屏幕上,当结束文本创建命令时,控制符将从屏幕上消失,转换成相应的特殊符号。

例 5-1　创建图 5-5 所示的单行文字。

内孔直径为 ∅10±0.01

图 5-5　使用控制符创建单行文字

1)激活单行文字命令,此时在命令行中将显示当前的文字样式,当前文字高度。

2）在命令行的"指定文字的起点或［对正(J)/样式(S)］:"提示下,在绘图区中的适当位置单击确定文字的起点。

3）在命令行的"指定文字的旋转角度<0>:"提示下,按 Enter 键,指定文字行的旋转角度为0°。

4）在命令行的"输入文字:"提示下,输入"内孔%%U 直径%%U 为%%C10%%P0.01",然后按 Enter 键结束 DTEXT 命令,结果如图 5-5 所示。

5.2.2　注写多行文字

1.命令激活方式

功能区:默认→注释→ **A**

命令行:MTEXT 或 T

菜单栏:绘图→文字→多行文字

工具栏:文字→ **A**

2.操作步骤

激活命令后,命令行提示如下:

指定第一角点:(输入第一角点)↙

指定对角点或［高度(H)/对正(J)/行距(L)/旋转(R)/样式(S)/宽度(W)/栏(C)］:(输入对角点)↙

上述命令执行后,在绘图区中指定了一个用来放置多行文字的矩形区域,此时出现图 5-6所示的"文字编辑器"功能区面板。

图 5-6　"文字编辑器"功能区面板

在"文字编辑器"面板中,可以设置文字样式,选择需要的字体,确定文字的高度等。

在文字输入窗口中,可以直接输入多行文字;也可以在文字输入窗口中点击鼠标右键,从弹出的快捷菜单中选择"输入文字"菜单项,将已经在其他文字编辑器中创建的文字内容直接导入当前图形。

图 5-7 所示为多行文字输入样例。

图 5-7　多行文字输入样例

文字输入完成后,单击"关闭文字编辑器"或在文字输入窗口以外的任意地方单击即可结束命令。

5.3　文本编辑

创建了文本之后,可以根据需要对文本进行编辑,编辑包括修改文本内容和文本特性两个方面。

5.3.1　直接利用文本编辑命令

1. 命令激活方式

命令行:TEXTEDIT

菜单栏:修改→对象→文字→编辑

工具栏:文字→ Ａ

2. 操作步骤

激活命令后,命令行提示如下:

选择注释对象:(选择要编辑的文本对象)

选择的文本对象若是单行文本,则直接进入文本编辑状态即可编辑文本内容;若是多行文本,则功能区面板将进入"文字编辑器"面板,同时在绘图区显示多行文字输入窗口,在图5-7所示的多行文字输入窗口可以编辑文本内容,利用"文字编辑器"面板可以编辑文本特性。

5.3.2　双击文本编辑

移动光标至要编辑的文本对象上双击,若是单行文本,则直接进入文本编辑状态即可编辑文本内容;若是多行文本,则功能区面板将进入"文字编辑器"面板,同时在绘图区显示多行文字的矩形输入窗口,在如图 5-7 所示的多行文字输入窗口编辑文本内容,利用"文字编辑器"面板可以编辑文本特性。

5.3.3　利用"特性"选项板编辑文本

1. 命令激活方式

功能区:默认→特性→

命令行:PROPERTIES

菜单栏:修改→特性

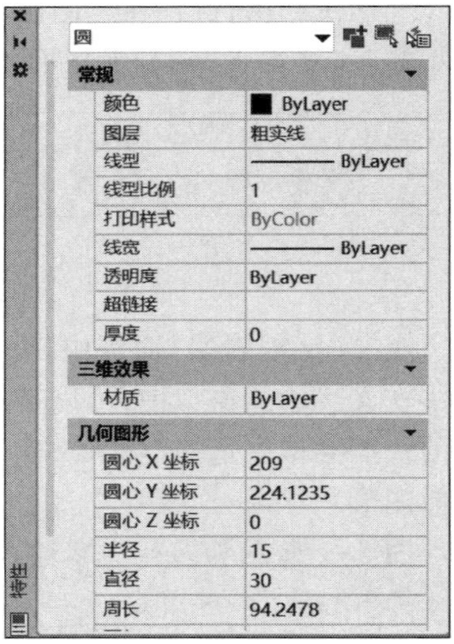

图 5-8　"对象特性"对话框

2. 操作步骤

激活命令后,弹出图 5-8 所示的选项板,选取要修改的文本后,在该面板中会看到要修改文本的内容和特性,包括文本的内容、样式、高度、旋转角度等。在此可以对它们进行修改。

5.4 创建表格

使用表格功能,可以创建表格,还可以从 Microsoft Excel 中直接复制表格,并将其作为 AutoCAD 2023表格对象粘贴到图形中。此外,还可以输出 AutoCAD 的表格数据,以供 Microsoft Excel 或其他应用程序使用。

5.4.1 设置表格样式

1. 命令激活方式

功能区:默认→注释→

命令行:TABLESTYLE

菜单栏:格式→表格样式

工具栏:样式→

2. 操作步骤

激活命令后,将打开图 5-9 所示的"表格样式"对话框。单击"新建"按钮,打开图 5-10 所示的"创建新的表格样式"对话框。

在"新样式名"文本框中输入新的表格样式名,在"基础样式"下拉列表中选择默认的、标准的或者任何已经创建的表格样式,新样式将在该样式的基础上进行修改,然后单击"继续"按钮,将打开图 5-11 所示的"新建表格样式:Standard 副本"对话框。通过它可以指定表格的格式、表格方向、表格单元样式等内容。对话框中部分选项说明如下。

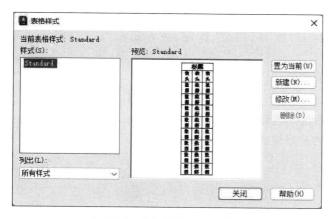

图 5-9 "表格样式"对话框　　　　图 5-10 "创建新的表格样式"对话框

1)"起始表格"选项区域:选择起始表格,使用户可以在图形中指定一个表格用作样例来设置此表格样式的格式。选择表格后,可以指定要从该表格复制到表格样式的结构和内容。

2)"常规"选项区域:用来控制表格方向。

3)"单元样式"选项区域:

① **数据** ▼ 下拉列表:用来显示表格中的单元样式,在其下拉列表中可以选择显示"数据""标题""表头"三种单元样式。其中,"数据"单元样式如图 5-11 所示,"标题""表头"和"数据"单元样式的内容基本相似,下面仅以"数据"单元样式为例来介绍其中的内容。

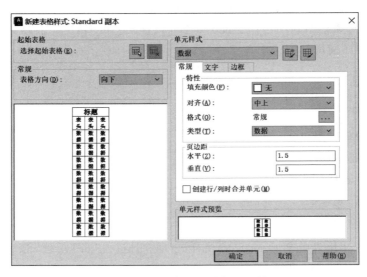

图 5-11 "新建表格样式"对话框

② 图标按钮:用来启动"创建新单元样式"对话框。

③ 图标按钮:用来启动"管理单元样式"对话框。

④ "常规"选项卡:用来设置单元的填充颜色、对齐方式、表格格式、类型及页边距等。

⑤ "文字"选项卡:用来设置表格中文字样式、文字高度、文字颜色及文字角度等。

⑥ "边框"选项卡:用来设置表格边框的线宽、线型、颜色、是否是双线及双线边界的间距等。

4)"页边距"选项区域:控制单元边框和单元内容之间的间距。

5)"创建行/列时合并单元"复选框:将使用当前单元样式创建的所有新行或新列合并为一个单元。可以使用此选项在表格的顶部创建标题行。

6)"单元样式预览"区域:显示相应的表格样式。

5.4.2 插入表格

1. 命令激活方式

功能区:默认→注释→ ▦

命令行:TABLE

菜单栏:绘图→表格

2. 操作步骤

激活命令后,将打开"插入表格"对话框,如图 5-12 所示。部分选项说明如下。

1)"表格样式"选项区域:可以从"表格样式"下拉列表中选择表格样式,或单击其后的图标

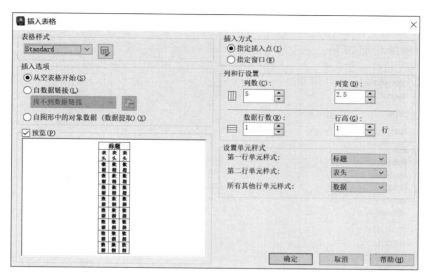

图 5-12 "插入表格"对话框

按钮 ⊞ ,打开"表格样式"对话框,创建新的表格样式。

2)"插入方式"选项区域:选择"指定插入点"单选项,可以在绘图区中的某点插入固定大小的表格;选择"指定窗口"单选项,可以在绘图区中通过拖动表格边框来创建任意大小的表格。

3)"插入选项"选项区域:指定插入表格的方式,可以创建手动填充数据的空表格,或者从外部电子表格中的数据创建表格,也可以启动"数据提取"向导。

4)"列和行设置"选项区域:可以通过改变"列数""列宽""数据行数"和"行高"文本框中的数值来调整表格的外观大小。

5)"设置单元样式"选项区域:对于那些不包含起始表格的表格样式,可以指定新表格中行的单元样式。

5.4.3 编辑表格

使用表格的快捷菜单可以编辑表格和表格单元。

1. 编辑表格

选中整个表格后点击鼠标右键,弹出的快捷菜单如图 5-13 所示,从中可以选择菜单项对表格进行删除、移动、复制、缩放和旋转等简单操作,还可以均匀调整表格的行、列大小,删除所有特性替代。当选择"输出"菜单项时,还可以打开"输出数据"对话框,以.csv 格式输出表格中的数据。

当选中表格后,在表格的四周、标题行上将显示许多夹点,也可以通过拖动这些夹点来编辑表格。

2. 编辑表格单元

选中表格单元后点击鼠标右键,弹出的快捷菜单如图 5-14 所示。使用它可以编辑表格单元,其主要菜单项的功能如下。

图 5-13 选中整个表格时的快捷菜单

图 5-14 选中表格单元时的快捷菜单

1)"对齐":在该子菜单中可以选择表格单元的对齐方式,如左上、左中、左下等。

2)"边框":选择该菜单项将打开"单元边框特性"对话框,可以设置单元边框的线宽、颜色等特性,如图 5-15 所示。

3)"匹配单元":用当前选中的表格单元格式匹配其他表格单元,此时鼠标指针变为刷子形状,单击目标对象即可进行匹配。

4)"插入点":在该子菜单中有"块""字段"等菜单项。选择"块"菜单项,将打开"在表格单元中插入块"对话框。可以从中选择插入到表格中的块,并设置块在表格单元中的对齐方式、比例和旋转角度等特性,如图 5-16 所示。

5)"合并":当选中多个连续的表格单元后,使用该子菜单中的命令,可以全部、按列或按行合并表格单元。

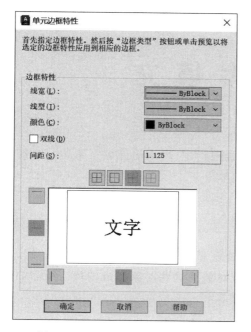

图 5-15　"单元边框特性"对话框

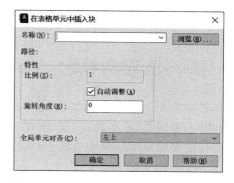

图 5-16　"在表格单元中插入块"对话框

习　　题

1. 在 AutoCAD 2023 中,如何注写单行文字?

2. 在 AutoCAD 2023 中,如何创建、编辑多行文字?

3. TEXT、MTEXT 命令各有哪些优点?

4. 创建图 5-17 所示的标题栏。其中字体采用汉仪长仿宋体,字高自定,加括号的字不填写,尺寸同第 4 章习题第 4 题。

（泵体）			比例	数量	材料	（图号）
			(1:2)	*(1)*	*(HT200)*	
制图	（姓名）	（日期）	（单位名称）			
校核	（姓名）	（日期）				

图 5-17　标题栏

第6章　图案填充

图案填充是使用一种图案来填充某一区域。在工程图样中,可用填充图案表达一个剖切的区域,也可以使用不同的填充图案来表达不同的零件或材料。

6.1　图案填充的概念

图案填充是在一个封闭的区域内进行的,围成填充区域的边界称为填充边界,边界须是直线、构造线、多段线、样条曲线、圆、圆弧、椭圆、椭圆弧等对象或这些对象组成的块。所需的填充图案可在图案填充对话框中查找,也可以自定义填充图案。

图 6-1 所示为图案填充样例。

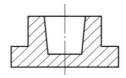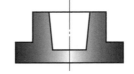

图 6-1　图案填充样例

6.2　图案填充的操作

6.2.1　创建图案填充

1. 命令激活方式

功能区:默认→绘图→▨

命令行:HATCH 或 BH

菜单栏:绘图→图案填充

工具栏:绘图→▨

2. 操作步骤

1) 激活命令后,命令行提示如下:

拾取内部点或 [选择对象(S)/放弃(U)/设置(T)]:

2) 如果功能区处于活动状态,将打开"图案填充创建"选项卡,如图 6-2 所示。

在"图案填充创建"选项卡中,"边界"面板内,可以不同的方式确定图案填充的边界。"图案"面板内,可选取所需的剖面线图案,如"ANSI31"等。"特性"面板内,可设置图案的类型,如

图 6-2 "图案填充创建"功能区选项卡

"图案""渐变色""实体"等,也可设置图案填充透明度、角度和比例数值等。"原点"面板内,可以设置图案填充的原点。"选项"面板内,可以设置填充图案是否与边界关联、孤岛检测样式等。单击"选项"标题后的箭头图标按钮,将打开"图案填充和渐变色"对话框,如图 6-3 所示。

如果功能区处于关闭状态,激活命令后也将显示图 6-3 所示的"图案填充和渐变色"对话框。

3)在"图案填充创建"功能区的"边界"面板中或者在"图案填充和渐变色"对话框中单击"添加:拾取点"图标按钮，返回绘图区,单击填充区域内任意一点,如图 6-4a 所示,即可绘制图 6-4b 所示的剖面线。

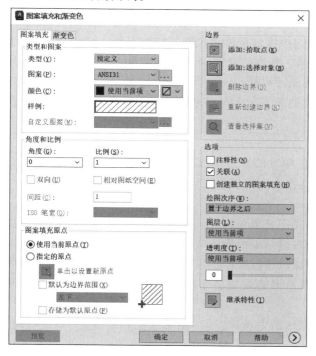

图 6-3 "图案填充和渐变色"对话框

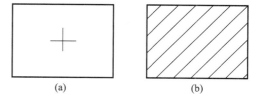

图 6-4 以拾取点方式填充图案

3. 图案填充可设内容

"图案填充和渐变色"对话框与功能区中"图案填充创建"选项卡的内容基本相同,它们都提供了图案填充时可以设置的内容,为方便阅读,此处选用"图案填充和渐变色"对话框进行介绍。

(1)"图案填充"选项卡(图 6-3)

部分选项说明如下。

1）"类型和图案"选项区域

① "类型"下拉列表：提供预定义、用户定义、自定义三种图案类型。预定义是用 AutoCAD 标准图案文件（ACAD.pat 和 ACADISO.pat 文件）中的图案填充。用户定义是用户临时定义简单的填充图案。自定义是表示使用用户定制的图案文件中的图案。

② "图案"下拉列表：选择填充图案的样式。单击图标按钮 可弹出"填充图案选项板"对话框，如图 6-5 所示，其中有"ANSI""ISO""其他预定义"和"自定义"四个选项卡，可从其中选择任意一种填充图案。

2）"角度和比例"选项区域

① "角度"下拉列表：设置图案填充的倾斜角度，该角度值是填充图案相对于当前坐标系的 X 轴的倾角。

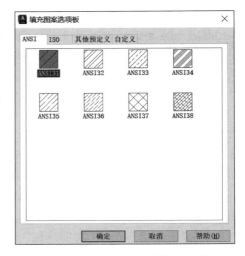

图 6-5   "填充图案选项板"对话框

② "比例"下拉列表：设置填充图案的比例值，它表示的是填充图案图线之间的疏密程度。

③ "双向"复选框：使用用户定义图案时，选中该复选框将绘制第二组直线，这些直线相对于初始直线成 90°角，从而构成交叉填充。AutoCAD 将该信息存储在系统变量 HPDOUBLE 中。只有在"类型"选项中选择了"用户定义"时，该选项才可用。

④ "ISO 笔宽"下拉列表：适用于 ISO 相关的笔宽绘制填充图案，该选项仅在预定义 ISO 模式中被选用。

3）"图案填充原点"选项区域

① "使用当前原点"单选项：可以使用当前 UCS 的原点作为图案填充原点。

② "指定的原点"单选项：可以使用指定点作为图案填充原点。

4）"边界"选项区域

① "添加：拾取点"图标按钮：用点选的方式定义填充边界。单击该图标按钮返回绘图区，可连续选择填充图案边界区域内的点，点击鼠标右键结束拾取。

② "添加：选择对象"图标按钮：单击该图标按钮返回绘图区，可以连续选择图案填充的封闭对象，点击鼠标右键结束拾取。此时需注意，所拾取的对象必须形成一个封闭图形，否则会出现不同的填充效果。

③ "删除边界"图标按钮：在绘图区拾取图案填充边界返回"图案填充和渐变色"对话框时，"删除边界"图标按钮由灰色变为亮色（可操作），单击此图标按钮返回绘图区，边界图线不再亮显。

④ "查看选择集"图标按钮：亮显所确定的填充边界。

5）"选项"选项区域

① "关联"复选框：该复选框用于控制填充图案与边界是否具有关联性。当不选中该复选框时，填充图案将不随边界的变化发生变化，如图 6-6a 所示，拉伸图形右侧边界，填充的图案不随边界的拉伸而发生变化。选中该复选框后，当边界发生变化时，填充图案将随新的边界发生变化，如图 6-6b 所示，拉伸图形右侧边界，填充的图案随边界的拉伸而发生变化。

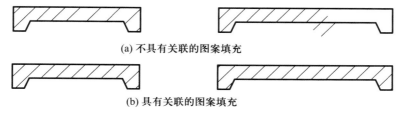

(a) 不具有关联的图案填充

(b) 具有关联的图案填充

图 6-6 关联和非关联填充

② "继承特性"图标按钮:是将填充图案的设置,如图案类型、角度、比例等特性,从一个已经存在的填充图案中应用到要填充的边界上。

注意:点选的填充区域必须是封闭的区域,否则会出现图 6-7 所示的对话框,警告未找到有效边界,当区域不封闭时,填充范围为无穷大,无法填充。所以,绘图时尽可能利用捕捉按钮,以保证图形线段之间首尾相接成一封闭图形。

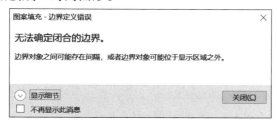

图 6-7 "图案填充-边界定义错误"对话框

(2) "渐变色"选项卡

"渐变色"选项卡为填充区域选择填充的图案是渐变颜色。此部分内容读者自行学习。

6.2.2 设置孤岛

在进行图案填充时,通常将位于一个已定义好的填充区域内的封闭区域称为孤岛。单击"图案填充和渐变色"对话框右下角的图标按钮 ⊙,将显示更多选项,可以对孤岛和边界进行设置,如图 6-8 所示。

在"孤岛"选项区域中,选中"孤岛检测"复选框,可以指定在最外层边界内填充对象的方法,包括"普通""外部"和"忽略"3 种填充方式,效果如图 6-9 所示。

1) "普通"方式:从外向里填充图案,如遇到内部孤岛,则断开填充直到碰到下一个内部孤岛时才再次填充。

2) "外部"方式:只在最外层区域内进行图案填充。

3) "忽略"方式:忽略边界内的对象,在整个区域内进行图案填充。

注意:以"普通"方式和"外部"方式填充时,如果填充边界内有诸如文本、属性等对象,Auto-CAD 能自动识别它们,图案填充时在这些对象处会自动断开,就像用一个比它们略大的、看不见的框保护起来一样,以使这些对象更加清晰,如图 6-10a 所示。如果选择"忽略"方式填充,图案填充将不会被中断,如图 6-10b 所示。

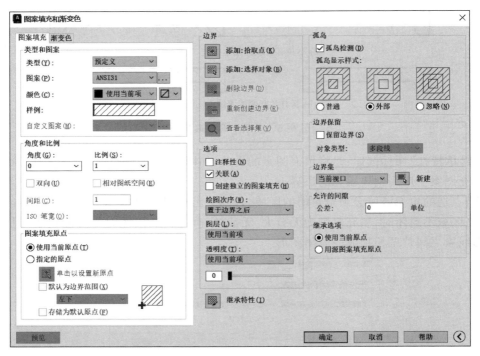

图 6-8 展开的"图案填充和渐变色"对话框

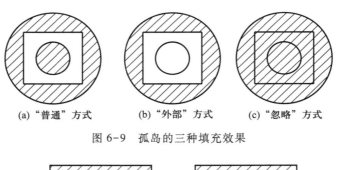

(a)"普通"方式 　　　(b)"外部"方式 　　　(c)"忽略"方式

图 6-9 孤岛的三种填充效果

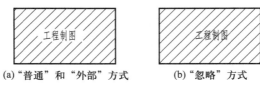

(a)"普通"和"外部"方式 　　　(b)"忽略"方式

图 6-10 包含文本对象时的图案填充

6.2.3 编辑图案填充

利用编辑图案填充命令可修改已填充图案的类型、图案、角度、比例等特性。

1. 命令激活方式

命令行：HATCHEDIT 或 HE

菜单栏：修改→对象→图案填充

工具栏：修改Ⅱ→![图标]

2．操作步骤

用编辑图案填充命令将图6-11a的图案样式编辑为图6-11b的图案样式。

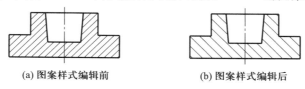

(a) 图案样式编辑前   (b) 图案样式编辑后

图6-11   编辑图案填充

1）激活命令后，命令行提示"选择图案填充对象："，此时单击选择图6-11a所示的剖面线，弹出"图案填充编辑"对话框。

2）修改该对话框中的参数设置，将"角度"改变为90，将"比例"改变为1.5，单击"确定"按钮，剖面图案改变如图6-11b所示。

注意：双击要修改的填充图案，功能区将显示"图案填充编辑器"选项卡，利用该功能区选项卡可对填充的图案进行修改。

图6-11中的填充图案是机械工程图中最常用的剖面符号图案，称为剖面线。当工程图样复杂时，需要多种方向和疏密不同的剖面线，可利用AutoCAD的图案填充创建和编辑功能，选择ANSI31图案，通过设置或修改"角度"和"比例"参数分别改变剖面线的方向和疏密。

习   题

1．用绘图及图案填充相关命令，绘制图6-12所示的图形。

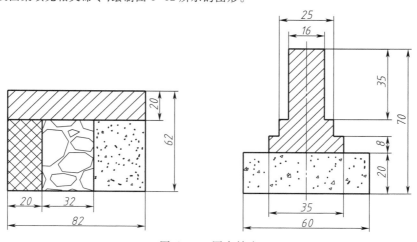

图6-12   图案填充

2．绘制图6-13a所示的图形，图中圆的直径为 $\phi30$；使用编辑图案填充命令，编辑图6-13a所示的填充图案，结果如图6-13b所示。

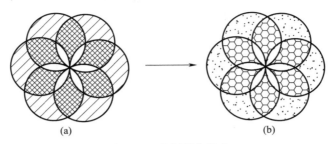

(a)　　　　　　　　　　　　　　(b)

图 6-13　编辑图案填充

第 7 章　图层的设置与管理

绘制工程图时,需要用各种颜色、线型等区分图线,并希望能分项管理。本章所介绍的图层命令具有这些功能。

7.1　图层的概念

可以想象图层是没有厚度的透明胶片。将图形对象画在不同的图层上,这些图层就像重叠在一起的透明胶片,构成一张完整的图样。

每一图层都有一个图层名称。开始绘制新图时,AutoCAD 将自动创建一个名为"0"的默认图层,其余的图层要由用户根据需要去建立,图层名称可自动生成,也可由用户给定,可以是汉字、字母或数字。建立图层是设置绘图环境的一项必需的工作,应在画图之前设置完毕。可以为图层设定线型、线宽、颜色,还可以根据需要对图层进行打开、关闭,冻结、解冻,锁定、解锁等设置,为绘图提供方便。

绘图时利用图层命令把不同的线型与颜色赋予不同的图层,并赋予相应的线宽,将来在用绘图仪输出图形时,AutoCAD 可按赋予图层的线宽来实现粗细分明的效果。

7.2　规划设置图层

CAD 绘图时采用图层的目的是用于组织、管理、交换图层的实体数据以及控制实体的屏幕显示和打印输出。每一个图层具有颜色、线型、线宽等属性。国家标准中给出了 CAD 绘图时图层及其部分属性的推荐标准,表 7-1 列出了常用图层标识号、线型(描述),屏幕上显示的颜色、线宽,供创建图层时选择使用。

表 7-1　常用图层及其部分属性的推荐标准

图层标识号	线型(描述)	颜色	线宽/mm
01	粗实线	白色/黑色	0.7
02	细实线	绿色	0.35
	细波浪线		0.35
04	细虚线	黄色	0.35
05	细点画线	红色	0.35
08	尺寸线	绿色	0.35
10	剖面符号	绿色	0.35
11	文本(细)	绿色	0.35

注:在黑白打印出图时,线型的颜色最好都改为黑色(白色),否则打印出来不清楚。

7.2.1　创建新图层

1. 命令激活方式

功能区:默认→图层→图层特性

菜单栏:格式→图层

工具栏:图层→

命令行:LAYER 或 LA

2. 操作步骤

激活命令后,打开图 7-1 所示的"图层特性管理器"对话框,此时对话框中只有默认的 0 层。可以在此对话框中创建与设置图层。

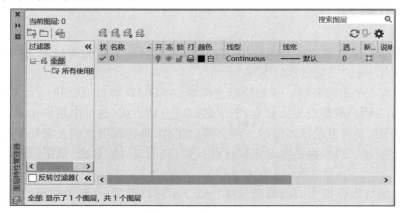

图 7-1　"图层特性管理器"对话框

在"图层特性管理器"对话框中单击"新建图层"图标按钮,列表框中出现名称为"图层 1"的新图层,如图 7-2 所示,AutoCAD 为图层 1 分配有默认的颜色、线型和线宽,默认颜色为白色,默认线型为实线(Continuous)。

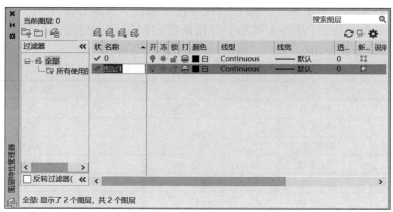

图 7-2　在"图层特性管理器"中新建图层

此时新建的图层会自动命名并处于被选中的状态,用户可以修改图层的名称。一般情况下,企业等绘图单位要按照国家标准要求,用"图层标识号"对图层进行命名。考虑到教材讲解的需要,本书约定图层的名称统一用"图层标识号+线型描述"命名。例如 01 粗实线。

7.2.2 设置颜色

默认情况下,新创建图层的颜色为"白"(绘图区的背景为白色时,新创建图层的颜色显示为黑色),为了方便绘图和打印,应根据需要改变某些图层的颜色。

单击要改变图层的颜色名"白",弹出图 7-3 所示的"选择颜色"对话框,选择要设置的颜色,如红色,单击"确定"按钮,返回"图层特性管理器"对话框,可看到该图层的颜色已经被改变。

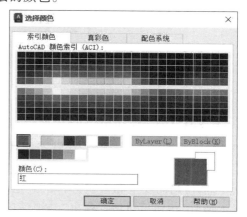

在"选择颜色"对话框中,可以使用"索引颜色""真彩色"和"配色系统"3 个选项卡为图层选择颜色。其中,"索引颜色"选项卡最为常用。请读者自行学习"真彩色"和"配色系统"选项卡。

图 7-3 "选择颜色"对话框

7.2.3 设置线型

默认情况下,新创建图层的线型均为实线(Continuous),绘制工程图需要多种线型,所以应根据需要改变图层的线型。

单击要改变图层的线型栏中的"Continuous",弹出图 7-4 所示的"选择线型"对话框,在线型列表中只有 Continuous 线型,没有如虚线、点画线等其他常用线型,这时需要加载线型。单击"加载"按钮,弹出图 7-5 所示的"加载或重载线型"对话框,在"可用线型"列表框内,移动滚动条选择需要的线型,如"CENTER",并单击"确定"按钮,AutoCAD 接受所做的选择并返回"选择线型"对话框,在该对话框中增加了"CENTER"线型,再选择"CENTER"赋给"图层 1",这样"图层 1"的线型就被设置为点画线。

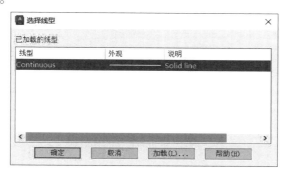

图 7-4 "选择线型"对话框

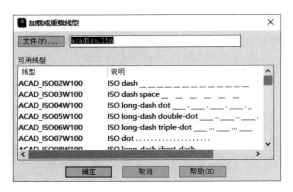

图 7-5   "加载或重载线型"对话框

7.2.4   设置线型比例

在绘图时有时所使用的非连续线型(如点画线、虚线等)的长短、间隔不符合国家标准推荐的间距,需改变其长短、间隔,这就需要重新设置线型比例。

执行"格式"→"线型"菜单命令,弹出图 7-6 所示的"线型管理器"对话框。该对话框中显示了当前使用的线型和可供选择的其他线型。"隐藏细节"和"显示细节"为切换按钮,当单击"显示细节"按钮后对话框弹出"详细信息"选项区域,且该按钮切换为"隐藏细节"按钮。其中,"全局比例因子"文本框用于设置图形中所有线型的比例,当改变"全局比例因子"文本框内的数值时,非连续线型本身的长短、间隔发生变化。当改变"当前对象缩放比例"文本框内的数值时,原来画的线不变,后面画的非连续性线型有变化。

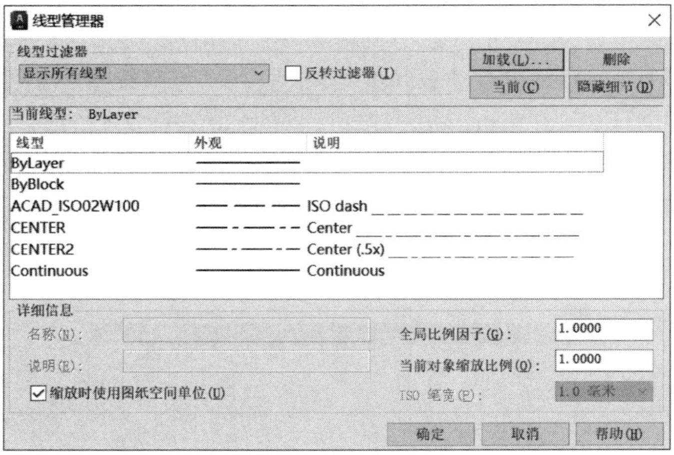

图 7-6   "线型管理器"对话框

7.2.5   设置线宽

设置线宽就是改变线条的宽度,使用不同宽度的线条能使绘制的图线粗细分明,提高图形的表达能力和可读性。

默认情况下,新创建图层的线宽为"0.25 mm",要修改默认的线宽设置,单击要改变图层的线宽图标,弹出图7-7所示的"线宽"对话框,用户可在其中选择所需的线宽。

7.3 管理图层

使用"图层特性管理器"对话框不仅可以创建图层,设置图层的颜色、线型和线宽,还可以对图层进行更多的设置与管理,如当前图层的切换,图层的重命名、删除及显示控制等。

图 7-7 "线宽"对话框

7.3.1 设置图层特性

使用图层绘制图形时,新对象的各种特性将默认为"ByLayer"(随层),如果设置对象的特性,新设置的特性将覆盖原来"ByLayer"的特性。在"图层特性管理器"对话框中,每个图层都包含状态、名称、打开/关闭、冻结/解冻、锁定/解锁、线型、颜色、线宽和可否打印等特性,如图7-8所示。

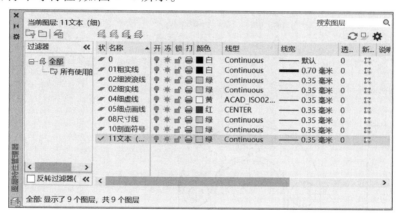

图 7-8 "图层特性管理器"对话框

1)"状态":显示图层和过滤器的状态。当前图层被标识为 ✓。

2)"名称":即图层的名称,是图层的唯一标识。默认情况下,图层按图层0、图层1、图层2、…的编号依次递增,可以根据需要修改图层名称,如01粗实线、02细实线等。

通过设置图层的四种状态:打开/关闭、解冻/冻结、解锁/锁定、打印/不可打印,可以控制图层上的对象是否显示,是否能编辑及打印,为图形的绘制和输出提供方便。

3)打开/关闭:图标按钮是灯泡 💡,用灯泡的亮和灭表示图层的打开和关闭。单击该图标按钮,即可将图层在打开、关闭状态之间进行切换。若图层被关闭,则该图层上的对象不能在显示器上显示,也不能编辑和打印,但该图层仍参与处理过程的运算。

4)解冻/冻结:解冻状态的图标按钮是太阳 ☀,冻结状态的图标按钮是雪花 ❄。单击这两个图标按钮,即可在解冻、冻结状态之间进行切换。若图层被冻结,则该图层上的对象既不能在显示器上显示,也不能编辑和打印,该图层也不参与处理过程的运算。当前图层不能被冻结。

5）解锁/锁定：图标按钮是 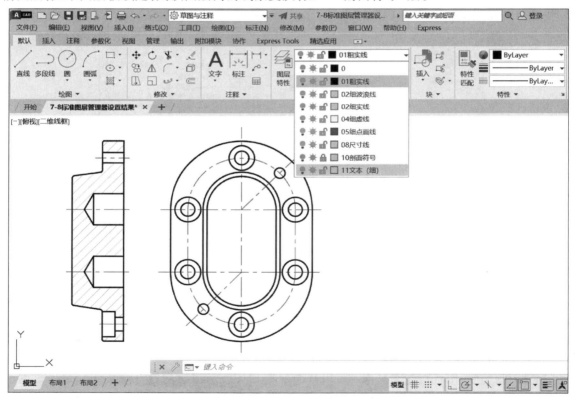，用锁的开和关表示图层的解锁和锁定。单击该图标按钮，即可将图层在解锁、锁定状态之间进行切换。若图层被锁定，则该图层上的对象既能在显示器上显示，也能打印，但不能编辑，用户在当前图层上进行编辑操作时，可以对其他图层加以锁定，以免不慎对其上的对象进行误操作。

6）打印/不可打印：图层打印的图标按钮是 🖨，不可打印的图标按钮是 🖨，单击这两个图标按钮，即可在打印、不可打印状态之间进行切换。

7.3.2　切换当前图层

在绘图过程中经常要切换图层，用于绘制不同的图线，下面介绍切换图层的方法。

在实际绘图时，为了便于操作，主要通过功能区中"图层"面板上的"图层"下拉列表实现图层切换。在下拉列表中单击想要使之成为当前图层的图层名称。如图 7-9 所示，移动鼠标至"01 粗实线"层，单击即可将该图层设置为当前图层。

注意：在图 7-9 中，如果图层被冻结，该图层内的线条不再显示，该图层也不能被切换为当前图层；如果图层被锁定，则该图层内的线条变灰，如"10 剖面符号"层。

图 7-9　"图层"下拉列表中切换当前图层

7.3.3　删除图层

要删除不使用的图层，可先从"图层特性管理器"对话框中选择不使用的图层，然后单击对话框上部的图标按钮 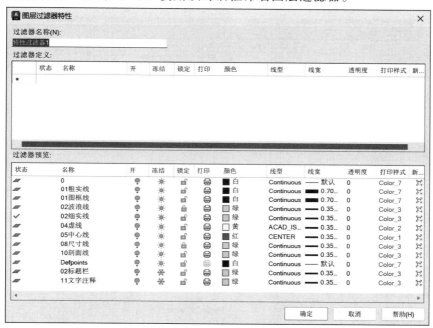，再单击"确定"按钮，AutoCAD 将从当前图形中删除所选图层。注意，只有空的图层才能被删除。

7.3.4　过滤图层

AutoCAD 提供的图层过滤功能简化了图层方面的操作。图形中包含大量图层时，在图 7-8 所示的"图层特性管理器"对话框中，单击左上角"新建特性过滤器"图标按钮，弹出图 7-10 所示的"图层过滤器特性"对话框。可以使用该对话框命名图层过滤器。

图 7-10　"图层过滤器特性"对话框

1）"过滤器名称"文本框：用户可以使用系统给定的名称，如特性过滤器 1，也可以自己命名，但过滤器名称中不允许使用"<"">""/""\"":"";""|""—""="等字符。

2）"过滤器定义"及"过滤器预览"列表框：用户在"过滤器定义"列表框中给定按照图层的某种特性过滤，在"过滤器预览"列表框中即显示过滤后的结果。

在图 7-10 中，"过滤器定义"列表框中，选定以图层的解冻及解锁状态为过滤的条件，"过滤器预览"列表框中即显示所有解冻及解锁状态的图层。单击"确定"按钮，返回"图层特性管理器"在"过滤器"列表框中增加"特性过滤器 1"项，选中"特性过滤器 1"，在图层显示栏内只显示过滤后的图层，如图 7-11 所示。如果在"图层特性管理器"中选中"反转过滤器"复选框，将产生与列表中过滤条件反向的过滤条件。

7.3.5　改变对象所在图层

在实际绘图时，如果绘制完某一图形元素后，发现该元素并没有绘制在预先设置的图层上，可先选中该元素，再在"图层"下拉列表中选择元素应在的图层，如图 7-12a 所示，即可改变对象所在的图层,如图 7-12b 所示,中间小圆由粗实线改变为细虚线。

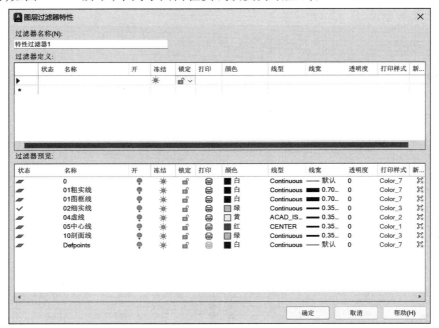

图 7-11　显示过滤后图层

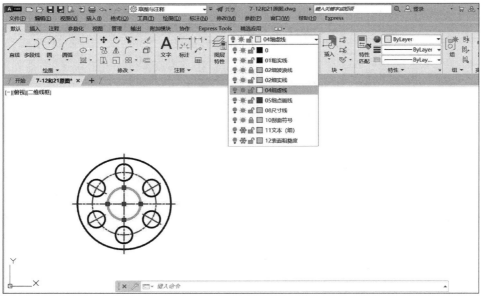

(a)

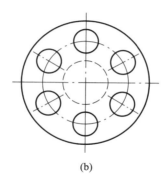

(b)

图 7-12　改变对象所在图层

7.3.6　转换图层

使用图层转换器可以转换图层,实现图层的标准化和规模化。通过图层转换器,可以将当前图面中的图层设置变成其他图面中的图层设置。

1. 命令激活方式

功能区:管理→CAD 标准→图层转换器

菜单栏:工具→CAD 标准→图层转换器

工具栏:CAD 标准→

命令行:LAYTRANS

2. 操作步骤

激活命令后,弹出图 7-13 所示的"图层转换器"对话框。"转换自"列表框中为当前图形文件中的图层设置。"转换为"列表框中为待加载图形文件中的图层设置。

在"转换为"选项区域中单击"加载"按钮(加载其他文件的图层),弹出"选择图形文件"对话框,当选定加载文件后,系统返回到图 7-14 所示的"图层转换器"对话框。在"转换自"列表框中选择被转换图形的图层"图层 1",在"转换为"列表框中选择要转换成文件的图层"尺寸线",单击"映射"按钮,转换的参数在"图层转换映射"列表框中显示。单击"转换"按钮,弹出图 7-15 所示的"图层转换器-未保存更改"对话框。单击"转换并保存映射信息"按钮,完成图层转换。当前图形文件中的"图层 1"转换为"尺寸线"层。

"图层转换器"对话框中其他常用按钮的功能如下。

1)"新建":新建一个图层,并可以设置新图层的颜色、线型及线宽。

2)"映射相同":将转换区中名称相同的图层都做映射操作。映射的结果会在"图层转换映射"列表框中显示出来。

3)"编辑":可以对"图层转换映射"列表框内映射到的图层进行颜色、线型及线宽的修改。

4)"删除":删除"图层转换映射"列表框中被选中的图层。

5)"保存":将所有映射到的图层保存成标准文件(.dws),将来可以在"转换为"选项区域中载入。

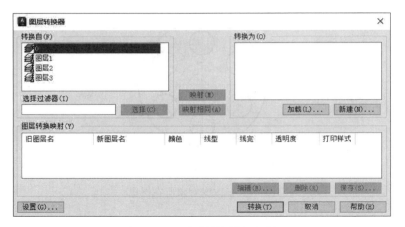

图 7-13   "图层转换器"对话框

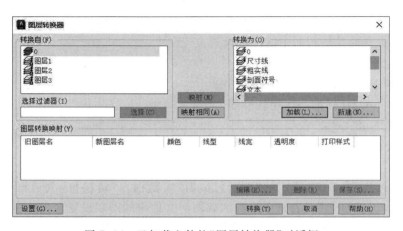

图 7-14   已加载文件的"图层转换器"对话框

图 7-15   "图层转换器-未保存更改"对话框

7.3.7   使用图层工具管理图层

利用图层工具,用户可以更加方便地管理图层。在菜单栏中选择"格式"→"图层工具"菜单项,在弹出图 7-16 所示的"图层工具"子菜单中有许多管理图层的选项。

以下以图层漫游为例介绍使用图层工具管理图 7-17 所示的图形:

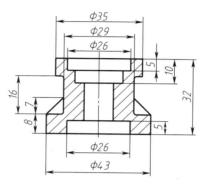

图 7-16 "图层工具"子菜单   图 7-17 图层工具管理的图形

1）打开图 7-17 所示的图形,在菜单栏中选择"格式"→"图层工具"→"图层漫游"菜单项,弹出图 7-18 所示的"图层漫游-图层数:10"对话框,在图层列表中显示该图形中所有的图层。

2）在图层列表中按下 Ctrl 键,可同时选择"01 粗实线"及"05 细点画线"图层,在绘图区中将只显示 01 粗实线层及 05 细点画线层的图线,如图 7-19 所示。

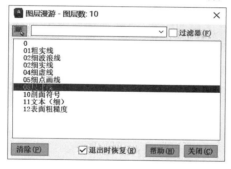

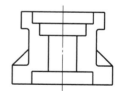

图 7-18 "图层漫游-图层数:10"对话框   图 7-19 选取 01 粗实线层及 05 细点画线层

3）如果在"图层漫游-图层数:10"对话框中单击"选择对象"图标按钮，并在绘图区选择一条粗实线,按 Enter 键后,在绘图区中只显示 01 粗实线层的图线。

7.4 对象特性的修改

每个对象都有特性,有些特性是对象共有的,例如图层、颜色、线型等。有些特性是对象所独有的,例如圆的直径、半径等。对象特性不仅可以查看,而且可以修改。对象之间可以复制特性。

7.4.1 修改对象的特性

为了使修改图层特性更为简便、快捷，AutoCAD 提供了图层特性编辑工具，可以设置图层的颜色、线型和线宽，在图 7-20 所示的"特性"功能区面板中，图层的颜色、线型和线宽的默认设置都为"ByLayer"（随层）。

1. 设置当前图线的颜色

图 7-20　"特性"功能区面板

如图 7-20 所示，在"特性"功能区面板的"对象颜色" ⬤ 下拉列表中，选择某种颜色，可改变其后要绘制图线（即当前图线）的颜色，但并不改变当前图层的颜色。

"对象颜色"下拉列表中"ByLayer"（随层）选项表示图线的颜色是按图层本身的颜色来定。"ByBlock"（随块）选项表示图线的颜色是按图块本身的颜色来定。如果选择以上两者之外的颜色，随后所绘制的图线的颜色将是独立的，不会随图层的变化而变更。

选择"对象颜色"下拉列表中"更多颜色"选项，将弹出"选择颜色"对话框，可从中选择一种颜色作为当前图线的颜色。

2. 设置当前图线的线型

如图 7-20 所示，在"特性"功能区面板的"线型"下拉列表中，选择某种线型，可改变其后要绘制图线（即当前图线）的线型，但并不改变当前图层的线型。

3. 设置当前图线的线宽

如图 7-20 所示，在"特性"功能区面板的"线宽"下拉列表中，选择某种线宽，可改变其后要绘制图线（即当前图线）的线宽，但并不改变当前图层的线宽，最宽线的宽度为 2.11 mm。

注意：利用上述方法设置颜色、线型和线宽时，无论选择任何图层，所画图线的颜色、线型和线宽都不会改变。因此，应避免用该方法绘制复杂图形。

7.4.2 使用"特性"选项板

利用"特性"选项板查看被选择对象的相关特性，并对其特性进行修改。

1. 命令激活方式

功能区：默认→特性→ ↘

菜单栏：修改→特性

命令行：PROPERTIES 或 PR

2. 操作步骤

1）在绘图区中选择一个或多个对象（如图 7-21 中细实线圆），单击"特性"功能区面板上的"特性"图标 ↘（或在对象上点击鼠标右键，在弹出的快捷菜单中选择"特性"菜单项），打开"特性"选项板，如图 7-21 所示。

2）在"特性"选项板中，使用选项板中的滚动条，在特性列表中滚动查看选择对象的特性内容，单击每个类别右侧的三角形符号，展开或折叠列表。

3）如果要改变图中所有中心线的线型比例，先选择中心线，在图 7-21 列表中选择线型比例，将数值 1 修改为 0.5，单击"特性"选项板左上角图标按钮 ❌，关闭"特性"选项板，按下 Esc 键

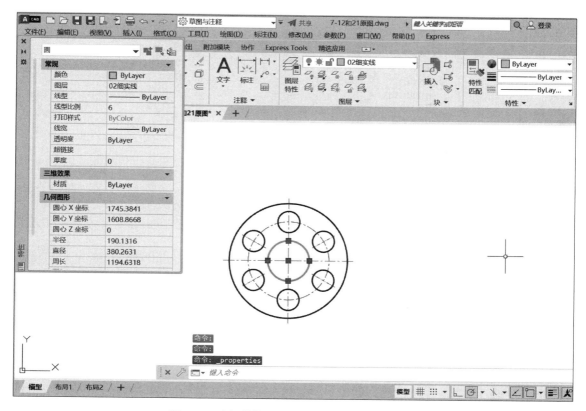

图 7-21 用"特性"选项板查看和修改对象特性

退出选择即可完成修改。

4）修改对象的其他特性,可依据以上步骤进行。

5）快捷特性的应用:在绘图区选中一个或多个对象,点击鼠标右键,在弹出的快捷菜单中选择"快捷特性"菜单项,在弹出的选项板中可对该对象的常用特性进行修改。

7.4.3 对象特性匹配

"特性匹配"即特性刷功能,可以在不同的对象间复制共性的特性,也可以将一个对象的某些或全部特性复制到其他对象上。

1. 命令激活方式

功能区:默认→特性→特性匹配

菜单栏:修改→特性匹配

命令行:MATCHPROP 或 MA

2. "特性设置"对话框内容

激活命令后,选择源对象,当光标变成特性刷 时,在命令行输入"S",打开"特性设置"对话框,如图 7-22 所示。

在"特性设置"对话框中,清除不希望复制的项目(默认情况下所有项目都打开)。

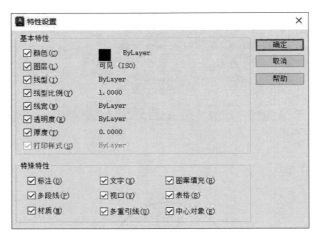

图 7-22 "特性设置"对话框

3. 操作步骤

1)激活命令后,命令行提示:"选择目标对象或[设置(S)]:",这时光标变为选择框,选择图形上端的粗实线作为目标对象后,光标变成🖌,如图 7-23 所示。

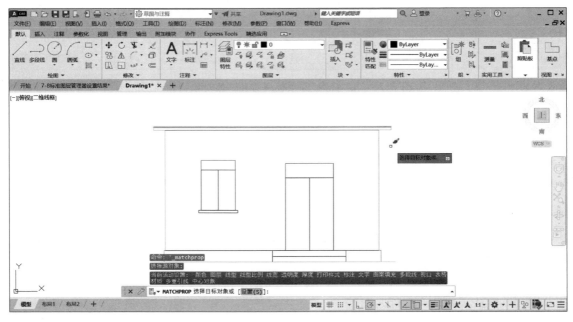

图 7-23 特性匹配前的图形

2)用🖌逐一单击图形的外轮廓线,结束选择后的图形如图 7-24 所示。

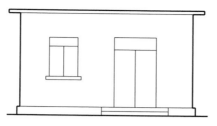

图 7-24　特性匹配后的图形

习　　题

1. 创建如下表的图层,并设置图层特性。

图层名称	颜色	线型	线宽/mm
01 粗实线	白色/黑色	Continuous	0.7
02 细实线	绿色	Continuous	0.35
04 虚线	黄色	HIDDEN	0.35
05 中心线	红色	CENTER	0.35

2. 用题 1 中设置的图层绘制图 7-25、图 7-26 所示的图形(此题不需要标注尺寸)。

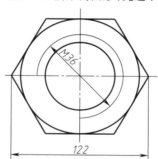

图 7-25　绘制六角螺母

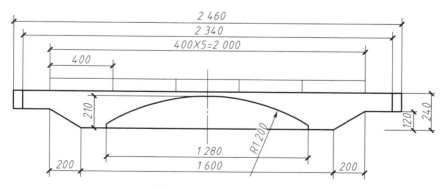

图 7-26　绘制桥梁立面图

第8章 尺寸标注

尺寸标注是图形的测量注释,可以测量和显示对象的长度、角度等测量值。AutoCAD 提供了一套完整、灵活的尺寸标注系统,可以自动测量图形的尺寸,并按一定的标注样式进行尺寸标注。本章主要介绍尺寸标注的基本规则、标注样式管理、各种标注及其编辑。

8.1 尺寸标注的规则和组成

8.1.1 尺寸标注的规则

利用 AutoCAD 标注的工程图样尺寸,必须严格遵守国家标准《CAD 工程制图规则》(GB/T 18229—2000)关于尺寸标注的有关规定。

1. 箭头

在 CAD 工程制图中所使用的箭头样式有图 8-1 所示的几种供选用。

同一 CAD 工程图中,一般只采用一种箭头样式。当采用箭头位置不够时,允许用圆点或斜线代替箭头,如图 8-2 所示。

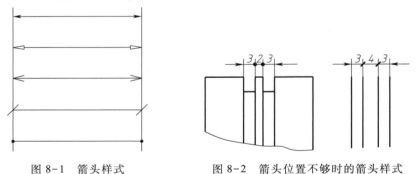

图 8-1 箭头样式   图 8-2 箭头位置不够时的箭头样式

2. 尺寸线和尺寸界线

CAD 工程图中的尺寸线和尺寸界线应按照有关标准的要求绘制。

3. 尺寸数字

尺寸数字应按照 GB/T 18594—2001 中的规定注写,要注意全图统一。尺寸数字的字高一般为 3.5 mm。

4. 简化标注

在不引起误解的前提下,必要时 CAD 工程制图中可以按照相关标准采用简化的标注方式。

8.1.2 尺寸标注的组成

在 AutoCAD 软件中,尺寸标注是一个复合体,它以块的形式存储在图形中。尺寸标注由尺寸界线 1、尺寸界线 2、尺寸线 1、尺寸线 2、箭头 1、箭头 2 及尺寸数字等尺寸变量组成,这些变量决定了尺寸标注的外观特性,如图 8-3 所示。

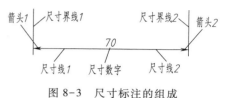

图 8-3　尺寸标注的组成

8.2　尺寸标注的样式

尺寸变量的集合被称为标注样式,因此标注样式决定着标注的外观。同一图样中的标注样式是多样的,如角度数字应水平书写,而线性尺寸数字应垂直于尺寸线书写等。

AutoCAD 提供了 Standard、ISO-25 等多种标注样式和标注样式管理器。用户应选择一种最接近本行业标准要求的标注样式,并应用标注样式管理器对该样式做必要的修改,把它作为基础标注样式。在此基础上,用户还应通过标注样式管理器,创建多种不同的标注样式以满足图样尺寸多样化的要求。本节主要结合国家标准,介绍标注样式的设置以及新建、修改、替代、比较标注样式的方法。

8.2.1 标注样式的设置

用户通过标注样式管理器(dimension style manger)来完成对标注样式的设置。

1. 命令激活方式

功能区:注释→标注→↘

菜单栏:标注→标注样式

工具栏:标注→↙

命令行:DIMSTYLE

2. 操作步骤

激活命令后,弹出图 8-4 所示的"标注样式管理器"对话框,该对话框包含如下内容。

1)"当前标注样式"说明:图 8-4 中显示当前标注样式为 ISO-25。

2)"样式"列表框:列表显示已存的标注样式。

3)"预览"框和"说明":样式列表中被选中标注样式(ISO-25)的预览图和说明。

4)"置为当前"按钮:将样式列表中的所选样式置为当前样式。

5)"新建"按钮:创建新的标注样式。

6)"修改"按钮:修改样式列表中被选中的标注样式。

7)"替代"按钮:替代当前的标注样式。

8)"比较"按钮:将样式列表中被选中的标注样式与当前标注样式进行比较。

单击"修改"或"替代"按钮,将弹出显示所有尺寸变量的"修改标注样式"对话框或"替代当前样式"对话框(对话框标题上会显示要修改或替代的样式名称),可对系统默认的变量值进行重新设置。"修改标注样式"对话框如图 8-5 所示。各选项卡说明如下。

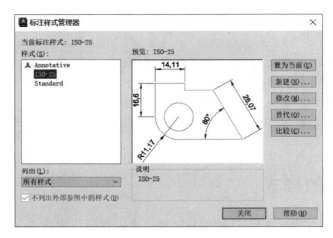

图 8-4   "标注样式管理器"对话框

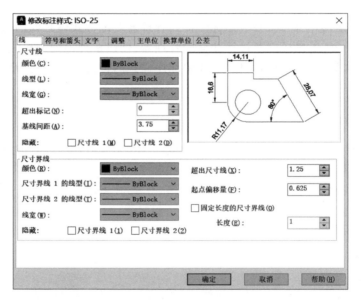

图 8-5   "修改标注样式"对话框—"线"选项卡

（1）"线"选项卡

本选项卡用于设置尺寸线和尺寸界线的格式和特性，如图 8-5 所示。本选项卡中大部分变量均按默认值设置，需要调整的变量如下。

1）"基线间距"文本框：采用基线标注时，设置基线标注中各尺寸线之间的距离，它与尺寸数字的文字高度相关，一般"基线间距"设置为 7~10 mm。

2）"超出尺寸线"文本框：指定尺寸界线在尺寸线上方伸出的距离，一般设置为 3~5 mm。

3）"起点偏移量"文本框：指定两尺寸界线起点到定义该标注的原点（被标注对象拾取点）的偏移距离，一般设置为 0（机械图样用）或 3~5 mm（建筑图样用）。

（2）"符号和箭头"选项卡

本选项卡用于设置箭头、圆心标记、弧长符号和半径折弯标注的格式及特性,如图 8-6 所示。该选项卡的"箭头"选项区域中各选项说明如下。

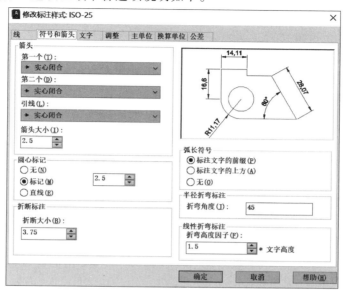

图 8-6 "修改标注样式"对话框—"符号和箭头"选项卡

1)"第一个"下拉列表:设置第一个箭头的类型。当改变第一个箭头的类型时,第二个箭头自动改变以匹配第一个箭头。

2)"第二个"下拉列表:设置第二个箭头的类型。改变第二个箭头的类型不影响第一个箭头的类型。

（3）"文字"选项卡

本选项卡用于设置标注文字的格式、位置和对齐,如图 8-7 所示。

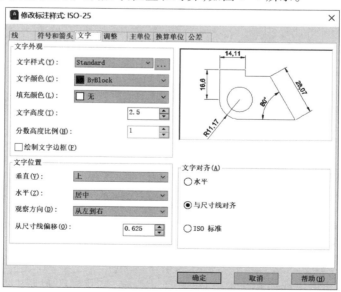

图 8-7 "修改标注样式"对话框—"文字"选项卡

"文字外观"选项区域中的文字样式一般采用设置好的文字样式,文字高度一般设置为3.5 mm。

在"文字位置"选项区域中的"从尺寸线偏移"文本框中设置文字与尺寸线之间的距离,一般设置为1 mm。

"文字对齐"选项区域中的选项说明如下。

1)"水平"单选项:水平放置文字,文字角度与尺寸线角度无关。

2)"与尺寸线对齐"单选项:文字角度与尺寸线角度保持一致。

3)"ISO 标准"单选项:当文字在尺寸界线内时,文字与尺寸线对齐。当文字在尺寸界线外时,文字水平排列。

例如在绘制机械图样时,标注角度尺寸应设置为"水平",标注线性尺寸应设置为"与尺寸线对齐",标注直径或半径尺寸应设置为"ISO 标准",如图 8-8 所示。

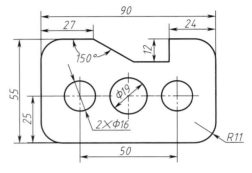

图 8-8　尺寸标注示例

(4)"调整"选项卡

本选项卡用于对文字、箭头、引线和尺寸线的相关标注细节进行设置,如图 8-9 所示。

在"调整选项"选项区域中,默认设置是选择"文字或箭头(最佳效果)"单选项。采用该设置后,在标注圆的直径时,若尺寸数字在圆内,则尺寸线只有一个箭头,如图 8-10 所示的右图。所以一般应设置为"箭头"或"文字"。

图 8-9　"修改标注样式"对话框—"调整"选项卡

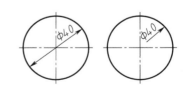

图 8-10　尺寸标注示例

"标注特征比例"选项区域中的单选项和文本框说明如下。

1)"使用全局比例"单选项和文本框:设置尺寸数字、尺寸界线和箭头等在图样中的缩放比例。该选项适用于仅要求打印同一比例图样的图纸,比例因子根据图纸打印比例设置。例如绘图比例为 1∶1,打印比例为 2∶1,"使用全局比例"因子设置为 0.5,则图样中尺寸数字、尺寸界线和箭头的大小按标注样式的设定值打印。

2)"将标注缩放到布局"单选项:根据当前模型空间视口比例确定比例因子。该选项适用于需要打印两种或两种以上不同比例图样的图纸打印。若图纸打印比例设置为 1∶1,图形在模型空间按 1∶1 绘制,不同图样的比例由每个模型空间视口比例控制,则尺寸必须在被激活的模型空间视口内标注,由此可保证不同图样中尺寸数字、尺寸界线和箭头的大小均按标注样式的设定值打印。

(5)"主单位"选项卡

本选项卡设置标注的单位格式和精度,以及标注文字的前缀和后缀等,如图 8-11 所示。

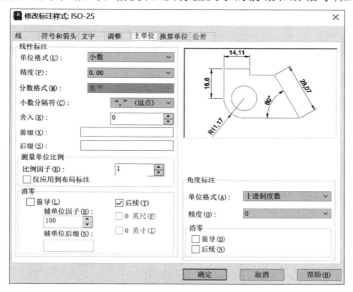

图 8-11 "修改标注样式"对话框—"主单位"选项卡

"线性标注"选项区域中的"小数分隔符"下拉列表应设置为"."(句点)。"前缀"用于设置文字前缀,如在尺寸数字前增加"φ"。

"测量单位比例"选项区域中的"比例因子"文本框用于设置线性标注测量值的比例(角度除外)。例如当绘图比例为 2∶1 时,"比例因子"设置为 0.5。

(6)"换算单位"选项卡

本选项卡指定标注测量值中换算单位的显示,并设置其格式和精度。

(7)"公差"选项卡

本选项卡控制标注文字中公差的格式,如图 8-12 所示。

在"公差格式"选项区域中,当在"方式"下拉列表中选择了"对称"时,仅在"上偏差"文本框中输入上极限偏差值即可。AutoCAD 自动把下极限偏差作负值处理。

"高度比例"文本框用于显示和设置偏差文字的当前高度。对称公差的高度比例应设置为 1,而极限偏差的高度比例应设置为 0.5。

"垂直位置"下拉列表用于控制对称偏差和极限偏差的文字对齐方式,应设置为"中"。

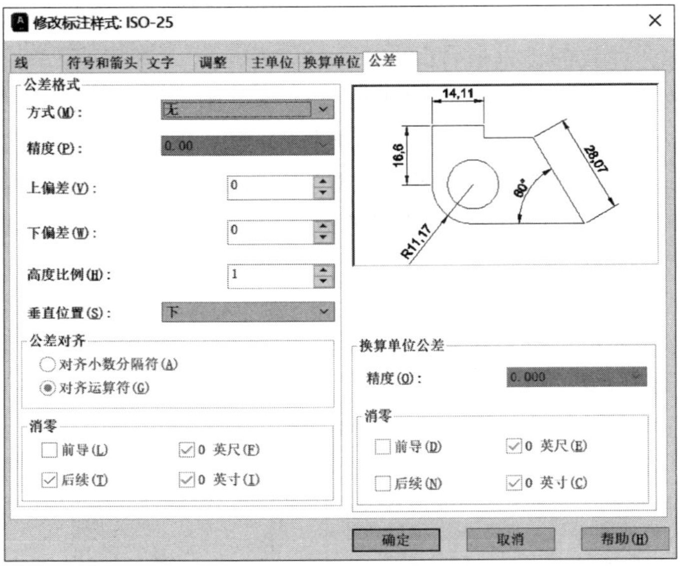

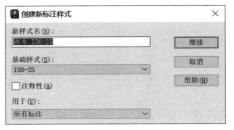

图 8-12 "修改标注样式"对话框—"公差"选项卡

8.2.2 新建标注样式

打开"标注样式管理器"对话框,并单击"新建"按钮,出现图 8-13 所示的"创建新标注样式"对话框。

在该对话框中,部分选项说明如下。

1)"新样式名"文本框:指定新样式的名称。

2)"基础样式"下拉列表:即新样式在这个指定的基础样式的基础上创建。但两者并不相互关联。

3)"注释性"复选框:开启注释属性后可以实现含有注释属性的图形元素(常用于图纸上的文字字体、尺寸标注、线型)的自动缩放,使不同的图纸幅面上这些图形元素的比例保持相同而不至于影响看图。

图 8-13 "创建新标注样式"对话框

4)"用于"下拉列表:如果选择"所有标注"项,则创建一个与基础样式相对独立的新样式。若选择其他项,则创建各基础样式相应的子样式。基础样式与子样式之间保持继承关系,即除子样式单独设置的变量外,其他变量与基础样式相同,并随基础样式而变;同一基础样式下的子样式之间保持独立。

单击"继续"按钮可弹出"新建标注样式"对话框,该对话框和图 8-5 所示的"修改标注样式"基本一致,利用该对话框可对新样式进行设置。

如果需要对已经建立的标注样式进行重命名或删除,可在"标注样式管理器"对话框的"样式"列表中点击鼠标右键完成。注意,如下情况时样式不能被删除:

1)这种标注样式是当前标注样式。

2）当前图形中的标注使用这种标注样式。

3）这种标注样式有相关联的子样式。

8.2.3 修改、替代及比较标注样式

1. 修改标注样式

在标注样式建立后，如果需要调整该样式的某些变量，可以通过"标注样式管理器"对话框中的"修改"按钮完成。

2. 替代标注样式

打开"标注样式管理器"对话框，并单击"替代"按钮。弹出"替代当前样式"对话框，可修改相应的标注样式。

3. 修改标注样式与替代标注样式的区别

修改标注样式完成的是对某一种标注样式的修改，修改完成后，图样中所有使用此样式的标注都将按新标注样式发生改变。

替代标注样式则是为当前的标注样式创建样式替代。它是在不改变原标注样式设置的情况下，暂时采用新的设置来控制标注样式。由于替代标注样式是暂存的样式，所以该样式在使用后将自动消失。如果需要保存该样式，可以通过重命名，把该样式变更为一种新标注样式；如果需要以该样式取代它所替代的样式，可以通过"保存到当前样式"把该样式下改变的尺寸变量作为对当前样式的修改，保存到当前标注样式中。

"重命名"及"保存到当前样式"的操作，可在"标注样式管理器"对话框的"样式"列表中需操作的临时样式名上点击鼠标右键，在弹出的快捷菜单中选择相应菜单项完成，如图 8-14 所示。

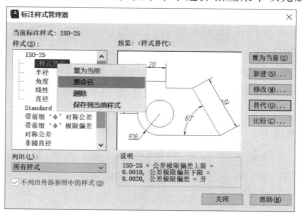

图 8-14　替代标注样式管理快捷菜单

在替代标注样式下完成的标注，如果它所替代的标注样式发生改变，经过替代改变的变量不按新标注样式发生改变。其他变量则按新标注样式发生改变。

4. 比较标注样式

打开"标注样式管理器"对话框，并单击"比较"按钮，弹出"比较标注样式"对话框，在该对话框中可分别指定两种样式进行比较，AutoCAD 将以列表的形式显示这两种样式在特性上的差异。如果选择同一种标注样式，则 AutoCAD 显示这种标注样式的所有特性。完成比较后，用户

可单击"比较标注样式"对话框中的"复制"图标按钮 🔳 将比较结果复制到剪贴板上。

8.3　各种标注

一般各种标注要在标注样式设置的基础上进行。

AutoCAD 2023 提供了十几种命令用以测量和标注图形,使用它们可以进行线性标注、对齐标注、半径标注、角度标注等。本节主要介绍常用标注命令的使用方法。

注意:进行尺寸标注时,"对象捕捉"按钮必须处于开启状态,以保证准确地拾取标注对象上的点(如端点、圆心、中点等)。

8.3.1　线性标注和对齐标注

线性标注用于标注水平尺寸、竖直尺寸。对齐标注用于标注倾斜对象的实长,对齐标注的尺寸线平行于由两条尺寸界线起点确定的直线。

1. 命令激活方式

线性标注	对齐标注
功能区:注释→标注→ ⊢⊣线性 ▾ → ⊢⊣线性	注释→标注→ ⊢⊣线性 ▾ → ⬈已对齐
菜单栏:标注→线性	标注→对齐
工具栏:标注→ ⊢⊣线性	标注→ ⬈已对齐
命令行:DIMLINEAR 或 DLI	DIMALIGNED 或 DAL

2. 操作步骤

除命令不同外,两者的操作步骤基本相同。下面以线性标注为例进行说明,如图 8-15 所示。

激活命令后,按默认情况,命令行提示:

指定第一个尺寸界线原点或 <选择对象>:(指定第一条尺寸界线起始点 A)

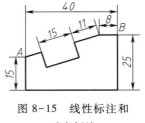

图 8-15　线性标注和对齐标注

指定第二条尺寸界线原点:(指定第二条尺寸界线起始点 B)

指定尺寸线位置或[多行文字(M)/文字(T)/角度(A)/水平(H)/垂直(V)/旋转(R)]:(拖动光标将尺寸放置在适当位置,单击完成标注,或输入选项)

标注文字=40

执行结果如图 8-15 所示的水平长度尺寸 40。

部分选项说明如下。

1)"多行文字(M)":功能区打开"文字编辑器"面板,用户可以在标注文字前后添加其他内容,如在尺寸数字前添加"φ"。

2)"文字(T)":系统提示用户在命令行输入替代测量值的标注文字。

3)"角度(A)":设置标注文字的倾斜角度。

4)"水平(H)""垂直(V)":强制生成水平或竖直型尺寸。

5)"旋转(R)":设置尺寸线的旋转角度。

8.3.2　半径标注和直径标注

半径标注用于标注圆弧的半径,直径标注用于标注圆弧或圆的直径。标注半径或直径尺寸时,AutoCAD 自动在标注文字前加入"R"或"ϕ"。

1. 命令激活方式

半径标注:

功能区:注释→标注→ ⊢┤线性 ▾ → ⌒半径

菜单栏:标注→半径(或直径)

工具栏:标注→ ⌒半径

命令行:DIMRADIUS 或 DRA

直径标注:

注释→标注→ ⊢┤线性 ▾ → ⊘直径

标注→直径

标注→ ⊘直径

DIMDIAMETER 或 DDI

2. 操作步骤

除命令不同外,两者的操作步骤基本相同。下面以半径标注方式标注图 8-16 所示的 $R7$ 为例进行说明。

激活命令后,命令行提示:

选择圆弧或圆:(选择要标注的圆弧)

标注文字 = 7

指定尺寸线位置或 [多行文字(M)/文字(T)/角度(A)]:(拖动光标将尺寸放置在适当位置单击,完成标注)

执行结果如图 8-16 所示。

各选项的功能与线性尺寸标注相同。

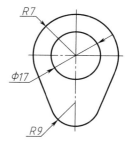

图 8-16　半径标注和
直径标注

8.3.3　角度标注

角度标注用于标注圆弧的圆心角,或圆上某段圆弧的圆心角,或两条不平行直线间的角度,或三点间的角度。

1. 命令激活方式

功能区:注释→标注→ ⊢┤线性 ▾ → △角度

菜单栏:标注→角度

工具栏:标注→ △角度

命令行:DIMANGULAR 或 DAN

2. 操作步骤

激活命令后,命令行提示:

选择圆弧、圆、直线或 <指定顶点>:

1) 标注圆弧的圆心角,如图 8-17a 所示。在上述提示下,选择圆弧,将出现提示:

指定标注弧线位置或 [多行文字(M)/文字(T)/角度(A)/象限点(Q)]:(拖动光标将尺寸放置在适当位置单击,完成标注。)

各选项功能与线性尺寸标注相同。

2) 标注圆上某段圆弧的圆心角,如图 8-17b 所示。选择圆(默认第一象限点 B 为角的第一

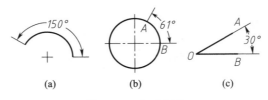

(a)　　　　　　　　(b)　　　　　　　　(c)

图 8-17　角度标注

个端点），将出现提示：

指定角的第二个端点：(指定圆上另一点 *A*)

指定标注弧线位置或 ［多行文字（M）/文字（T）/角度（A）/象限点（Q）］：［以下操作同 1）］

3）标注两条不平行直线的夹角，如图 8-17c 所示。选择直线 *OA*，将出现提示：

选择第二条直线：(拾取一直线对象 *OB*)

指定标注弧线位置或 ［多行文字（M）/文字（T）/角度（A）/象限点（Q）］：［以下操作同 1）］

4）根据指定的三点标注角度，如图 8-17c 所示。选择角度标注命令后，直接按 Enter 键，则出现提示：

指定角的顶点：(指定角的顶点 *O*)

指定角的第一个端点：(指定角的第一个端点 *A*)

指定角的第二个端点：(指定角的第二个端点 *B*)

指定标注弧线位置或 ［多行文字（M）/文字（T）/角度（A）/象限点（Q）］：［以下操作同 1）］

8.3.4　基线标注和连续标注

基线标注是自同一基线进行测量的多个线性标注、对齐标注或角度标注。连续标注是首尾相连的多个线性标注、对齐标注或角度标注。在进行基线标注和连续标注之前，必须首先建立一个相关标注（线性标注、对齐标注或角度标注）。基线标注和对齐标注常用在机械图样中，连续标注常用在建筑图样中。

1. 命令激活方式

基线标注　　　　　　　　　　　　　　　连续标注

功能区：注释→标注→ |̣|̣|̣| ▾ →基线 ⊢ 基线　　　注释→标注→ |̣|̣|̣| ▾ →连续 |̣|̣|̣| 连续

菜单栏：标注→基线　　　　　　　　　　标注→连续

工具栏：标注→ ⊢　　　　　　　　　　标注→ |̣|̣|̣|

命令行：DIMBASELINE 或 DBA　　　　DIMCONTINUS 或 DCO

2. 操作步骤

除命令不同外，两者的操作步骤基本相同。下面以基线标注为例进行说明，如图 8-18a 所示。

首先创建一个线性标注 10（起点 *A*、终点 *B*）。激活基线标注命令后，命令行提示：

指定第二个尺寸界线原点或 ［选择（S）/放弃（U）］＜选择＞：(指定尺寸 25 的第二条尺寸界线的起点 *C*)

标注文字 ＝ 25

指定第二个尺寸界线原点或 ［选择（S）/放弃（U）］＜选择＞：(指定尺寸 35 的第二条尺寸界

线的起点 D)

　　标注文字 $=35$

　　指定第二个尺寸界线原点或［选择（S）/放弃（U）］<选择>:（指定尺寸 50 的第二条尺寸界线的起点 E)

　　标注文字 $=50$

　　指定第二个尺寸界线原点或［选择（S）/放弃（U）］<选择>:（按 Esc 键退出）

　　图 8-18b 所示是连续标注的标注结果。

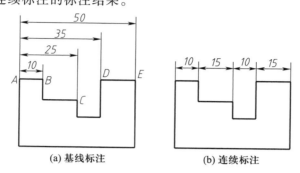

(a) 基线标注　　　　　　　　(b) 连续标注

图 8-18　基线标注和连续标注

8.3.5　快速标注

　　快速标注可以创建层叠型、连续型、基线型、坐标型、直径型和半径型等多种类型的尺寸，或编辑一系列标注。通过该命令，可以一次选择多个标注对象，随后 AutoCAD 同时完成所有对象的尺寸标注。

　　1. 命令激活方式

　　功能区:注释→标注→![icon]

　　菜单栏:标注→快速

　　工具栏:标注→![icon]

　　命令行:QDIM

　　2. 操作步骤

　　激活命令后,命令行提示:

　　关联标注优先级=端点（AutoCAD 优先将所选图线的端点作为尺寸界线的起点）

　　选择要标注的几何图形:（连续选择所要标注的直线、圆或圆弧,完成后点击鼠标右键）

　　指定尺寸线位置或［连续（C）/并列（S）/基线（B）/坐标（O）/半径（R）/直径（D）/基准点（P）/编辑（E）/设置（T）］<连续>:（指定尺寸线位置或输入选项）

　　执行结果如图 8-19 所示。图 8-19 中的标注采用了连续标注和直径标注。

　　选项说明如下。

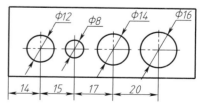

图 8-19　快速标注

1）"连续（C）"：创建连续型尺寸。

2）"并列（S）"：创建层叠型尺寸。

3）"基线（B）"：创建基线型尺寸。

4）"坐标（O）"：创建坐标型尺寸。

5）"半径（R）"：创建半径型尺寸。

6）"直径（D）"：创建直径型尺寸。

7）"基准点（P）"：为基线标注和连续标注设定零值点。

8）"编辑（E）"：用于修改快速标注的选择集，根据之后的命令行提示，利用"添加（A）"或"删除（R）"选项就可以增加或删除节点。

9）"设置（T）"：在确定尺寸界线起点时，设置默认对象捕捉方式。

8.3.6　快速引线标注

快速引线标注用于标注引线和注释。用户可以在图形的任意位置创建引线，在引线末端输入文字、添加几何公差框格、插入图块等。

1. 命令激活方式

命令行：QLEADER

2. 操作步骤

激活命令后，命令行提示：

指定第一个引线点或[设置（S）]<设置>：（如图 8-20 所示，指定点 A 或按 Enter 键设置引线）

指定下一点：（指定点 B）

指定下一点：（指定点 C）

指定文字宽度<0>：↙

输入注释文字的第一行<多行文字（M）>：4×%%C12↙

输入注释文字的下一行：⊔ %%C24↙（符号"⊔"表示沉孔）

输入注释文字的下一行：↙

执行结果如图 8-20 所示。

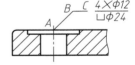

图 8-20　快速引线标注

注意：在引线标注时，若引线或文字的位置不合适，可利用夹点编辑方式进行调整。

1）利用引线夹点移动引线时，文字保持不动。

2）在"文字编辑器"下输入注释文字，利用文字夹点移动文字时，引线保持不动；在命令行内输入注释文字，利用文字夹点移动文字时，引线末端将跟随而动。

3. 引线设置

激活快速引线标注命令后回车或在命令行输入"S↙"，将弹出"引线设置"对话框，可以设置引线、注释特性及多行文字附着状态等，如图 8-21 所示。

（1）"注释"选项卡

本选项卡用于定义引线上的注释类型。

1）"注释类型"选项区域

①"多行文字"单选项：用户能在引线末端加入多行文字。

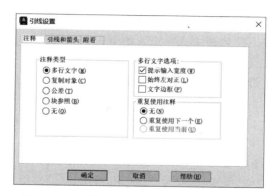

图 8-21 "引线设置"对话框—"注释"选项卡

② "复制对象"单选项:将其他注释文字复制到引线末端。

③ "公差"单选项:打开"形位公差"对话框,快捷地标注几何公差。

④ "块参照"单选项:在引线末端插入图块。

⑤ "无"单选项:在引线末端不加入任何注释。

2)"多行文字选项"选项区域

① "提示输入宽度"复选框:提示注释文字分布宽度。

② "始终左对正"复选框:注释文字采用左对齐方式。

③ "文字边框"复选框:给注释文字添加矩形边框。

3)"重复使用注释"选项区域

① "无"单选项:不重复使用注释内容。

② "重复使用下一个"单选项:把本次创建的注释文字复制到下一个引线标注中。

③ "重复使用当前"单选项:把上次创建的注释文字复制到当前引线标注中。

(2)"引线和箭头"选项卡

本选项卡用于控制引线和箭头的外部特征,如图 8-22 所示。

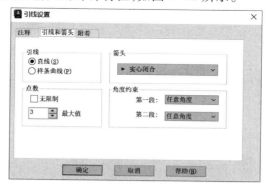

图 8-22 "引线设置"对话框—"引线和箭头"选项卡

① "直线"单选项:选中后,引线是直线。

② "样条曲线"单选项:选中后,引线是光滑样条曲线。

③ "无限制"复选框:选中该复选框后,引线弯折点的数量不受限制。

④"最大值"文本框：设定引线的弯折点数最大值，默认值为 3。

⑤"箭头"下拉列表：在下拉列表中选择箭头的形式。

⑥"第一段"下拉列表：设置引线第一段的倾斜角度。

⑦"第二段"下拉列表：设置引线第二段的倾斜角度。

（3）"附着"选项卡

只有当引线"注释类型"设置为"多行文字"时，"引线设置"对话框才显示"附着"选项卡，用于控制多行文字附着于引线末端的位置，如图 8-23 所示。

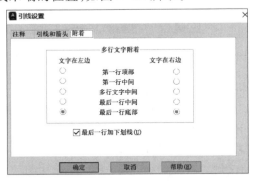

图 8-23　"引线设置"对话框—"附着"选项卡

8.3.7　几何公差标注

AutoCAD 提供公差标注命令及快速引线标注命令，用于标注几何公差。使用公差标注命令可标注不带引线的几何公差。

1. 命令激活方式

功能区：注释→标注→⊕①

菜单栏：标注→公差

工具栏：标注→⊕①

命令行：TOLERANCE 或 TOL

2. 操作步骤

激活命令后，弹出"形位公差"对话框，如图 8-24 所示。

1）"符号"：单击该列的 ■，将弹出图 8-25 所示的"特征符号"对话框。用户可以选择所需要的符号，例如，选择◎。

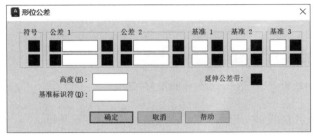

图 8-24　"形位公差"对话框

图 8-25　"特征符号"对话框

2）"公差 1"和"公差 2"：在相应的文本框中输入公差值。单击该列前面的■，可在公差值前加符号"φ"；单击该列后面的■，将打开图 8-26 所示的"附加符号"对话框，该对话框用来为公差选择包容条件。例如，单击"公差 1"前面的■后，框中显示"φ"，再在文本框中输入"0.015"。

图 8-26 "附加符号"对话框

3）"基准 1""基准 2""基准 3"：设置公差基准和相应的包容条件。例如，"基准 1"的文本框中输入"A"。

4）"高度"文本框：设置投影公差带值。

5）"延伸公差带"：单击■，可在延伸公差带值的后面插入延伸公差带符号。

6）"基准标识符"文本框：创建由参照字母组成的基准标识符。

集合以上操作，标注的几何公差为：◎ φ0.015 A

注意：若在"引线设置"对话框中选择"公差"单选项，则使用快速引线标注命令标注几何公差更为便利，用户可一次完成引线标注和几何公差标注。

8.4 编辑标注对象

尺寸标注完成后，如果某些尺寸的标注样式、标注位置或者标注文字内容等需要调整，可通过尺寸编辑来实现。尺寸编辑可使用标注专用命令，如编辑标注（DIMEDIT）、编辑标注文字（DIMTEDIT）及标注更新等；也可使用 AutoCAD 通用命令，如特性窗口（PROPERTIES）、编辑文字（DDEDIT）等；还可利用快捷菜单编辑。本节介绍尺寸编辑的方法。

注意：经过"编辑"调整的变量，将不随标注样式的调整而变化。

8.4.1 编辑标注样式

编辑命令往往是多功能的，本小节主要介绍编辑命令在编辑标注样式方面的功能。

1．编辑标注（DIMEDIT）

编辑标注命令用于调整标注文字的位置、修改标注文字的内容、旋转文字、倾斜尺寸界线等，主要用于将尺寸界线倾斜。

（1）命令激活方式

菜单栏：标注→倾斜

工具栏：标注→

命令行：DIMEDIT

（2）操作步骤

激活命令后，命令行提示：

输入标注编辑类型［默认（H）/新建（N）/旋转（R）/倾斜（O）］＜默认＞：O↙

选择对象：（选择需编辑的标注对象）找到 1 个

选择对象：↙

输入倾斜角度（按 ENTER 表示无）：45↙

举例如图 8-27 所示。左图为尺寸界线倾斜之前的标注，右图为尺寸界线倾斜之后的标注。

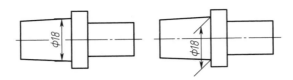

图 8-27　倾斜尺寸界线

选项说明如下。

1)"默认(H)":将所选尺寸退回到未编辑状态。

2)"新建(N)":打开"文字编辑器"对话框,编辑标注文字。

3)"旋转(R)":将标注文字旋转某一角度。

4)"倾斜(O)":将尺寸界线倾斜一个角度。

2."特性"选项板

"特性"选项板实际上就是对已标注尺寸的标注样式进行"替代"修改,主要用于修改尺寸公差。

(1)命令激活方式

功能区:默认→特性→◢

菜单栏:修改→特性

命令行:PROPERTIES

(2)操作步骤

打开"特性"选项板,单击需修改标注样式的标注对象,在"特性"选项板中对相应变量进行修改。修改完成后,按 Esc 键退出操作。

图 8-28 所示为利用"特性"选项板修改尺寸公差举例。图 8-28 中,左图为修改之前的公差尺寸,右图为修改之后的公差尺寸。

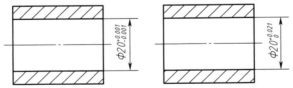

图 8-28　利用"特性"选项板修改尺寸公差

3. 标注更新

标注更新命令用于将当前的标注样式更新到选定的标注对象上。

(1)命令激活方式

功能区:注释→标注→⟳

菜单栏:标注→更新

工具栏:标注→⟳

命令行:DIMSTYLE

(2)操作步骤

首先单击"标注"工具栏中的下拉列表,选择目标标注样式。单击下拉列表左边的"标注更新"图标按钮 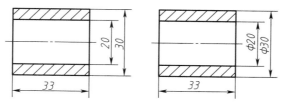 后,连续选择需更新的标注,最后点击鼠标右键或按 Enter 键确定。

举例如图 8-29 所示。其中,左图 20、30 为标注更新之前的尺寸,右图为标注更新之后的尺寸。

图 8-29　标注更新

8.4.2　编辑标注文字的位置

1. DIMTEDIT 命令

DIMTEDIT 命令主要用于调整标注文字的位置。

（1）命令激活方式

功能区:注释→标注→

菜单栏:标注→对齐文字

命令行:DIMTEDIT

（2）操作步骤

激活命令后,命令行提示:

选择标注:(选择需编辑的标注)

为标注文字指定新位置或[左对齐(L)/右对齐(R)/居中(C)/默认(H)/角度(A)]:(移动鼠标将文字放在适当位置或输入选项)

举例如图 8-30 所示。图 8-30 中,左图尺寸 15、45 间距太小,需调整,调整结果如图 8-30 右图所示。

选项说明如下。

1)"左对齐(L)":沿尺寸线左对正标注文字。

2)"右对齐(R)":沿尺寸线右对正标注文字。

3)"居中(C)":将标注文字放在尺寸线中间。

4)"默认(H)":将标注文字移回默认位置。

5)"角度(A)":修改标注文字的角度。

2. 快捷菜单

可用快捷菜单调整标注文字的位置。它可作为对编辑标注文字功能的补充,如"仅移动文字"等功能。

操作步骤:单击选定需编辑的标注后,光标放于中间夹点处,会显示快捷菜单,如图 8-31 所示,然后选择所需选项即可。

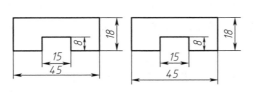

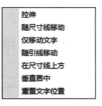

图 8-30　编辑标注文字　　　　　　　图 8-31　快捷菜单部分界面

8.4.3　编辑标注文字

利用编辑标注(DIMEDIT)和编辑文字(DDEDIT)命令均可编辑标注文字。利用编辑文字(DDEDIT)命令编辑标注文字更为便利。

1. 命令激活方式

菜单栏:修改→对象→文字→编辑

命令行:DDEDIT

2. 操作步骤

激活命令后,命令行提示:

选择注释对象或[放弃(U)/模式(M)]:(单击需编辑的标注并直接修改标注文字)

选择注释对象或[放弃(U)/模式(M)]:(单击需编辑的标注并直接修改标注文字,或按 Enter 键结束)

8.4.4　尺寸关联

尺寸关联是指尺寸标注随标注对象的变化而变化。AutoCAD 的默认状态是尺寸关联。若不希望尺寸关联,需通过菜单栏"工具"→"选项"进行设置。

打开"选项"对话框,在"用户系统配置"选项卡的"关联标注"选项区域中选中"使新标注可关联"复选框。

8.5　尺寸标注的技巧与实例

8.5.1　尺寸公差的标注

AutoCAD 不提供专门的尺寸公差标注命令,标注尺寸公差有多种方法,下面介绍常用的两种方法。

1. 方法一

1) 创建四种标注样式:对称公差、极限偏差、带前缀"φ"对称公差、带前缀"φ"极限偏差。

创建尺寸公差标注样式方法如下:

① 打开"标注样式管理器"对话框,单击"新建"按钮,在"创建新标注样式"对话框内进行设置,如图 8-32、图 8-33 所示。

●"新样式名":对称公差　　　　　　●"新样式名":极限偏差

- "基础样式":ISO-25
- "用于":所有标注

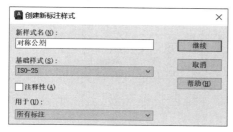

图8-32 新建"对称公差"标注样式

- "基础样式":ISO-25
- "用于":所有标注

图8-33 新建"极限偏差"标注样式

② 单击"继续"按钮,打开"新建标注样式:对称公差"或"新建标注样式:极限偏差"对话框,在"公差"选项卡中对公差格式进行设置,如图8-34、图8-35所示。

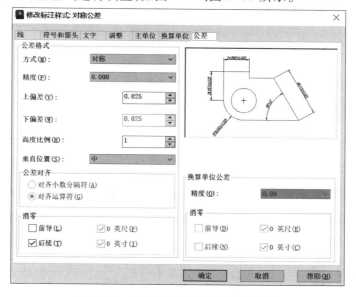

图8-34 "对称公差"标注样式的设置

- "方式":对称
- "精度":0.000
- "上偏差":0.025

- "高度比例":1
- "垂直位置":中

- "方式":极限偏差
- "精度":0.000
- "上偏差":0.021
- "下偏差":0
- "高度比例":1
- "垂直位置":中

③ 带前缀"φ"对称公差、带前缀"φ"极限偏差还需在以上设置的基础上,在"主单位"选项卡的"线性标注"→"前缀"设置:%%C。

2)忽略尺寸公差的存在,按任意标注样式标注尺寸,在完成所有标注后,通过标注更新对该类尺寸进行编辑。或者通过功能区"注释"→"标注"面板上的"标注样式"下拉列表,选取相应

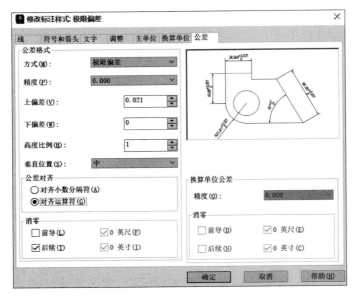

图 8-35   "极限偏差"标注样式的设置

的标注样式标注公差尺寸,不再进行标注更新。

3)利用"特性"选项板修改公差值。

2.方法二

在标注尺寸时选择"多行文字(M)"选项,系统会在功能区打开"文字编辑器"选项卡,输入极限偏差值,如+0.021^0,然后选中并单击功能区"格式"面板中的"文字堆叠"图标按钮 ᵇ⁄ₐ。

注意:上、下极限偏差格式一定要有"^"隔开, ᵇ⁄ₐ 才能使用。堆叠文字默认高度为70%。若想改变该值,文字"堆叠"后,点击鼠标右键,在弹出的快捷菜单中选择"堆叠特性"菜单项,打开"堆叠特性"对话框,如图8-36所示。将"大小"值设置为"50%",并单击"默认"按钮,选择"保存当前设置"选项。

8.5.2   创建标注样板

为了提高绘图效率,用户应创建适合行业要求的绘图样板文件,而创建标注样板是创建绘图样板文件的重要工作内容。该项工作主要包括建立标注图线的图层、建立标注文字的样式、修改标准标注样板以及创建必要的标注样式。下面以创建机械图样的标注样板为例,介绍具体的创建方法。

图 8-36   "堆叠特性"对话框

1.建立标注图层

打开"图层特性管理器"对话框,创建"标注尺寸"图层。

2.建立标注文字的样式

打开"文字样式管理器"对话框,按国家标准要求创建"标注文字"文字样式。

3. 修改标准标注样板

1）通常情况下,需要重新设置如下变量:

① "线"→"尺寸界线"→"超出尺寸线":3~5

② "线"→"尺寸界线"→"起点偏移量":0

③ "文字"→"文字外观"→"文字样式":标注文字

④ "文字"→"文字外观"→"文字高度":3.5

⑤ "文字"→"文字位置"→"从尺寸线偏移":1

⑥ "线"→"尺寸线"→"基线间距":5

⑦ "主单位"→"线性标注"→"小数分隔符":句点

2）有时还应视具体情况,对标准标注样板进行适当修改,如"箭头大小""圆心标记""标注特征比例""测量单位比例"等。

4. 创建必要的标注样式

在绘制机械图样的标注样板中,一般应创建"角度标注""半径标注""直径标注""非圆直径标注""公差标注"等标注样式。其中,"角度标注""半径标注"及"直径标注"等标注样式应创建为 ISO-25 基础样式下的子样式,而"非圆直径标注""公差标注"等标注样式则应创建为与 ISO-25 基础样式相对独立的新样式。利用标注样式管理器创建各种标注样式的方法见表 8-1。"公差标注"标注样式此处略去。

表 8-1　创建典型标注样式的方法

	角度标注	半径标注	直径标注	非圆直径标注
新样式名	角度	半径	直径	非圆直径
基础样式	ISO-25			
用于	角度标注	半径标注	直径标注	所有标注
需要修改的变量	文字→文字对齐:水平	文字→文字对齐:ISO 标准	文字→文字对齐:ISO 标准 调整→调整选项:箭头	主单位→线性标注→前缀:%%C

注意:由于"非圆直径标注""公差标注"等标注样式创建后,与"ISO-25"保持独立,所以为了使标注样板的标注样式保持一致,如果修改基础样式"ISO-25"的某些变量,必须同时修改这些样式的相应变量。

8.5.3　非常规尺寸的标注

在图样尺寸中,有些尺寸形式出现的次数不多,如小尺寸的标注。如果专门为这类尺寸创建标注样式(小尺寸有三种形式),则势必产生标注样式过多的问题。因此,这类尺寸应以"替代"的方式标注。

8.5.4 尺寸标注实例

例 8-1 对图 8-37 中的左图进行尺寸标注,要求达到右图效果。

操作步骤:

1)打开样板文件,将"ISO-25"标注样式置为当前。

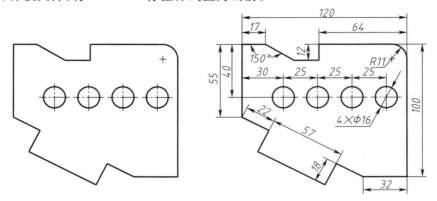

图 8-37 例 8-1 图

2)如图 8-38 所示,执行快速标注命令标注连续尺寸 30、25、25、25;执行快速标注命令标注基线尺寸 55、40,17、120。

3)如图 8-39 所示,执行线性标注命令标注尺寸 12、64、100、32;执行对齐标注命令标注尺寸 22、57、18。

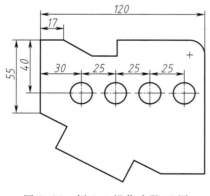

图 8-38 例 8-1 操作步骤 2)图

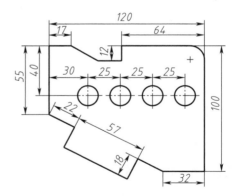

图 8-39 例 8-1 操作步骤 3)图

4)如图 8-40 所示,执行半径标注命令标注尺寸 $R11$;执行直径标注命令标注尺寸 $\phi16$;执行角度标注命令标注尺寸 150°。

5)如图 8-41 所示,利用编辑文本命令将尺寸文字"$\phi16$"修改为"$4\times\phi16$"。

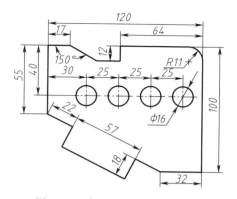

图 8-40 例 8-1 操作步骤 4)图

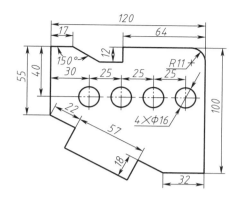

图 8-41 例 8-1 操作步骤 5)图

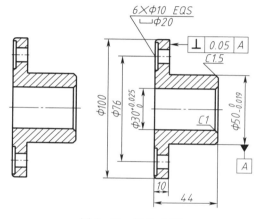

图 8-42 例 8-2 图

例 8-2 对图 8-42 中的左图进行尺寸标注,要求达到右图效果。

操作步骤:

1)打开样板文件,将"ISO-25"标注样式置为当前。

2)如图 8-43 所示,执行线性标注命令完成图中尺寸。

例 8-2 的
操作过程

3)如图 8-44 所示,将"非圆直径"标注样式置为当前,对非圆直径尺寸进行标注更新。

4)如图 8-45 所示,将"带前缀'φ'极限偏差"标注样式置为当前,将尺寸 φ30、φ50 更新为极限偏差尺寸。

5)如图 8-46 所示,利用"特性"选项板将 φ30、φ50 的极限偏差值修改为图样要求的极限偏差值。

6)如图 8-47 所示,利用快速引线标注命令标注锪平孔尺寸及倒角尺寸。

7)如图 8-48 所示,利用直线命令画出基准符号并标注,设置快速引线标注几何公差。

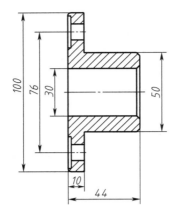

图 8-43　例 8-2 操作步骤 2)图

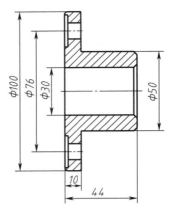

图 8-44　例 8-2 操作步骤 3)图

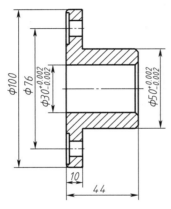

图 8-45　例 8-2 操作步骤 4)图

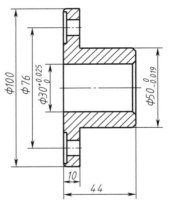

图 8-46　例 8-2 操作步骤 5)图

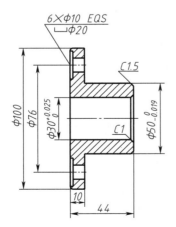

图 8-47　例 8-2 操作步骤 6)图

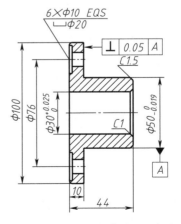

图 8-48　例 8-2 操作步骤 7)图

习　　题

1. 思考题

（1）什么是标注样式？

（2）为什么要建立多种标注样式？如何建立新标注样式？

（3）修改标注样式与替代标注样式的区别如何？

（4）经过编辑的尺寸，当该尺寸的标注样式修改后，哪些尺寸变量发生改变？哪些尺寸变量不发生改变？

（5）基线间距的设置与哪个尺寸变量有关？

（6）尺寸文字应为何种字体？该字体文字样式如何设置？

（7）在"文字对齐"选项区域中，水平、与尺寸线对齐、ISO标准有何区别？

（8）在"调整选项"选项区域中，为何标注圆弧直径时不宜采用默认选项"文字或箭头（最佳效果）"？

（9）在标注非圆直径时，尺寸数字前应加"ϕ"，如何实现？

（10）如何设定比例因子？它的作用是什么？

2. 如图8-49所示，按图中给定尺寸绘图并标注尺寸。

3. 如图8-50所示，按图中给定尺寸绘图并标注尺寸。

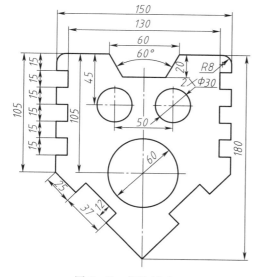

图 8-49　标注尺寸一

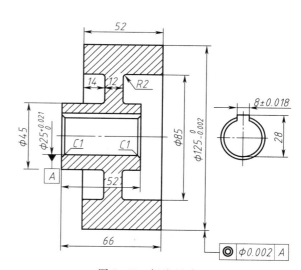

图 8-50　标注尺寸二

第9章 图块与属性、外部参照和设计中心

9.1 图块与属性

在 CAD 图形中,常需要绘制大量相同的或类似的图形对象,如标题栏、标准件图形、通用符号以及具有相同拓扑结构的几何对象等。这时除了采用复制等方式进行图形复制或编辑外,还可以把这些经常用到的图形预先定义成图块,并在使用时将其插入当前图形或其他图形,从而增加绘图的准确性,提高绘图速度,减小图形文件。另外,在使用图块时,可以根据使用要求定义和编辑图块的属性,以反映图块的某些非图形信息。

9.1.1 图块的功能

图块是由一个或多个对象组成的对象集合。

可以在图形中对图块作为一个整体进行操作,如插入、比例缩放和旋转等,也可以把图块分解,对它的组成对象进行修改,然后再重新定义这个图块。

图块简化了绘图过程,具有如下特点:

1)建立常用符号、部件、标准件的图形库。可以将同一个图块多次插入图形,而不必每次都重新创建图形元素。

2)便于修改图形。将图块作为对象进行插入、重定位和复制的操作比使用许多单个对象具有更高的效率。编辑由图块组成的图形时,只要编辑图块并进行图块的重定义操作,就可全部自动更新。

3)节省存储空间。在图形数据库中,将相同图块的所有组成对象存储在一个图块定义中,插入图块时只记录了图块插入信息,不必具体记录图块中对象的信息,因而可以节省磁盘空间。

4)图块可以包含属性信息。属性将信息项和图形中的图块联系起来,例如表面粗糙度参数值。

另外,图块可以嵌套,即一个图块的定义中可以包含其他图块,图块嵌套的层数不受限制。

9.1.2 创建图块

1. 命令激活方式

功能区:块→创建→

菜单栏:绘图→块→创建

工具栏:绘图→

命令行：BLOCK 或 B

2. 操作步骤

激活命令后弹出图 9-1 所示的"块定义"对话框。

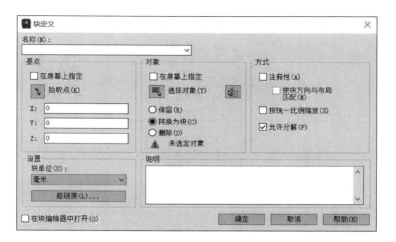

创建和插入
图块

图 9-1 "块定义"对话框

"块定义"对话框中部分选项的功能如下。

1）"名称"文本框：为便于图块的保存和调用，用户可在文本框中输入汉字、英文、数字等字符，作为图块的名称。

2）"基点"选项区域：插入基点可以选取图块上的任何一点，但通常利用"拾取点"图标按钮选择图块中具有典型特征的点。选择插入基点还可在"X""Y""Z"文本框中直接输入基点的 x、y、z 坐标值来确定。

3）"对象"选项区域：单击"选择对象"图标按钮，将切换到绘图区，选择构成图块的对象。另外，还可以通过图标按钮 ，弹出"快速选择"对话框，选择构成图块的对象。

在"对象"选项区域还有三个单选项，提供了创建图块后对构成图块的原图的处理方式。

① "保留"单选项：在绘图区保留原图，但把它们当作一个个普通的单独对象。

② "转换为块"单选项：在绘图区保留原图，并将其转化为图块的形式。

③ "删除"单选项：在绘图区不保留原图。

4）"块单位"下拉列表：在下拉列表中可以选择图块的一个插入单位。

5）"说明"文本框：在该文本框中可以输入与图块定义相关的说明部分。

下面以创建表面粗糙度符号为例说明图块的定义：

首先在绘图区绘制一个表面粗糙度符号，激活创建图块命令，在弹出的"块定义"对话框的"名称"文本框中输入"粗糙度"，如图 9-2 所示。单击"拾取点"图标按钮，拾取表面粗糙度符号的最下点为基点；单击"选择对象"图标按钮，选取表面粗糙度符号；单击"确定"按钮，即创建了名称为"粗糙度"的图块。

图块定义后，定义信息被保留在建立的图块中，当该图形文件再次被打开时，图块定义仍然

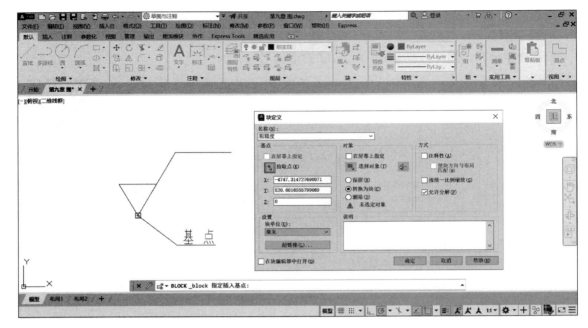

图 9-2　定义图块

存在。对于不再使用的图块,可以用 PURGE 命令清理图块定义。

9.1.3　插入图块

在功能区单击"插入"(或"默认")→"块"→"插入"图标按钮，弹出图 9-3a 所示的对话框,可以看到该图形文件中可用的所有图块,在这些图块中单击所需的图块,在命令行出现了插入图块的提示,同时在绘图区出现对应的图块符号,如图 9-3b 所示。

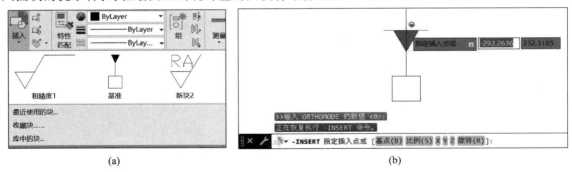

(a)　　　　　　　　　　　　　　　　　　(b)

图 9-3　插入图块命令

也可以在"块"选项板中完成图块插入的设置。

1. 命令激活方式

功能区:插入(默认)→块→插入 →最近使用的块…

菜单栏:插入→块选项板

工具栏:绘图→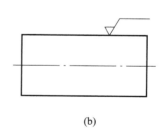

命令行:INSERT

2. 操作步骤

1)激活命令后,弹出图 9-4a 所示的"块"选项板。

2)单击"当前图形"选项卡,会显示该图形文件中已创建的所有图块名称和图标。单击"最近使用的项目"选项卡,其中显示最近常用的图块名称和图标。若下面"选项"选项区域中的各复选框被选中,则图块插入图形时,各参数需要在命令行设定。若不选中,则按对话框中显示参数直接插入。如图 9-4a 所示,选择"粗糙度 1"图块,选中"插入点"复选框,不选中"比例""旋转""角度""重复放置""分解"复选框。光标移动到绘图区,此时"块"选项板变灰,同时绘图区出现图块,在图中选择适当的插入点,单击确认,如图 9-4b 所示。

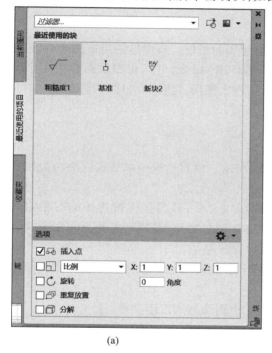

(a)

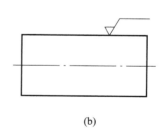

(b)

图 9-4　插入表面粗糙度符号

插入的图块分两种情况:

① 插入在当前图形中定义的图块。

② 插入任意一个图形文件。单击图 9-4a 右上角的图标按钮，打开"选择要插入的文件"对话框,选择所需图形文件,单击"打开"按钮,被选中的图形文件就以图块的形式插入当前图形。图形文件插入后在当前图形中形成一个以文件名命名的图块。另外,在被插入的图形文件中定义的图块亦可在当前图形中使用。

"块"选项板中的部分选项说明如下。

① "插入点"复选框:选中该复选框,根据插入图块的放置位置确定插入点。定义图块时所

确定的插入基点,将与当前图形中选择的插入点重合。将图形文件的整幅图形作为图块插入时,它的插入基点即是该图的原点。若想重新确定一个插入点,可以用 BASE 命令实现。

②"比例"复选框:选中此复选框,插入图块时 X、Y、Z 三个方向可以采用不同的缩放比例,也可以设置 X、Y、Z 三个方向的缩放比例为相同值。

③"旋转"复选框:选中此复选框,用户可以指定图块插入时的旋转角度值,也可以在命令行的提示下指定。

④"分解"复选框:当前图形中插入的图块是作为一个整体存在的,因此不能对其中已失去独立性的某一组成对象进行编辑。若选中"分解"复选框,则可将插入的图块分解成组成图块的各组成对象,这样以后再对插入图块中的某一部分进行编辑时,就不必受到图块整体性的限制了。

9.1.4　保存图块

在新图形中,可以调用其他图形文件中最近使用的图块。新图形调用该图块后,该图块同时成为新图形中的图块。另外,利用保存图块(WBLOCK)命令,可以将图块保存为一个独立的文件,从而成为公共图块,能够被插入到其他图形文件中使用,这种图块称为"外部块"。

1. 命令激活方式

命令行:WBLOCK 或 W

2. 操作步骤

激活命令后,弹出"写块"对话框,如图 9-5a 所示。该对话框中部分选项的功能如下。

(1)"源"选项区域

1)"对象"单选项:将把所选择的对象写入图块文件,即直接将被选择的对象定义为外部块。用这种方式定义的图块与定义内部块的方法有相同之处,需要定义要写入图形文件的对象和插入点;不同的是作为一个独立的文件,它有保存的路径。

2)"块"单选项:要写入图形文件的对象是图块,此时可从下拉列表中选择本图形中已经创建的图块名。

3)"整个图形"单选项:将把整个图形作为一个图块写入图形文件。

(2)"目标"选项区域

定义存储外部块的文件名、路径和插入单位。可以看出,定义为外部块的图形对象将以文件(扩展名为.dwg)的形式保存起来以备调用。

完成上述操作后,在其他图形中就可以用插入图块的方式,按图块的路径将其调到当前图形文件中。

在"源"选项区域中选择"块"单选项,表示要写入图形文件的对象文件是图块,如图 9-5b 所示,单击右侧的下拉列表,显示当前图形中创建图块命令生成的全部图块名,如在该下拉列表中选择"粗糙度",并单击"目标"选项区域中的图标按钮,选择该文件的图形文件名(即"粗糙度")及保存路径(如 C:\Users\Rick\Documents\粗糙度)。

单击"写块"对话框中"确定"按钮,完成该图块的保存,成为可调用的外部块。

3. 外部块的调用

在任何新建的文件中,选择插入图块命令,在弹出的"块"选项板中,单击图标按钮,弹出

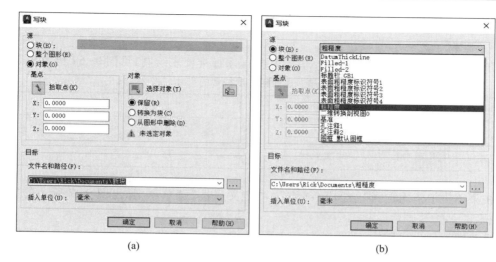

(a)　　　　　　　　　　　　　(b)

图 9-5　"写块"对话框

"选择要插入的文件"对话框。在此对话框中按外部块的保存路径,找到所要插入的外部块,如 C:\Users\Rick\Documents\粗糙度,选择外部块"粗糙度",单击"打开"按钮,回到绘图区,此时外部块"粗糙度"被调入其中,在需要插入的地方单击,外部块即插入当前图形。

9.1.5　设置插入基点

选择菜单栏"绘图"→"块"→"基点"菜单项,或在命令行输入"BASE",可以设置当前图形的插入基点。当把某一图形文件作为图块插入时,系统默认将该图的坐标原点作为插入点,这样往往会给绘图带来不便。这时就可以使用基点命令,对图形文件指定新的插入基点。

执行基点命令后,可以在命令行提示"输入基点:"时,指定作为图块插入基点的坐标。

9.1.6　属性的定义

用来对图块进行说明的非图形信息被称为属性。运用属性管理方法,可以在图块中设置对其进行说明的非图形信息,例如表面粗糙度参数值、基准代号中的字母等。

属性还可以用于设置与图块有关的文本。例如,用属性构成标题栏中的动态信息,如图名、图号、日期、绘图员等。

属性是图块的一个组成部分,是对图块的文字说明。当利用删除命令删除图块时,属性也被删除。属性与文本具有一些共同的特征(如文字样式控制等)。但又不同于文本,属性是用指定名字标记一组文本,作为属性具体内容的这组文本被称为属性值。

为了使用属性,必须首先定义属性,然后将包含属性在内的某一图形定义为图块,之后就可以在当前图形或其他图形中插入带有属性的图块了。

1. 命令激活方式

功能区:插入→块定义→定义属性

菜单栏:绘图→块→定义属性

命令行：ATTDEF 或 ATT

2．操作步骤

1）在绘图区绘制表面粗糙度符号，其尺寸按国家标准要求绘制，见图 9-6a 和表 9-1。

表 9-1 表面粗糙度符号的尺寸   mm

数字与字母的高度 h	2.5	3.5	5	7	10
高度 H_1	3.5	5	7	10	14
高度 H_2（最小值）	7.5	10.5	15	21	30

2）在菜单栏中依次选择"绘图"→"块"→"定义属性"菜单项，弹出图 9-7 所示的"属性定义"对话框。

3）设置图块的生成模式，可选择为不可见、固定、验证、预设、锁定位置、多行六种方式。输入属性参数，即标记、提示、默认；确定文字选项，包括对正、文字样式、文字高度、旋转。单击"确定"按钮，返回绘图区，将属性插入表面粗糙度符号上方，形成带属性的表面粗糙度符号，如图 9-6b 所示。

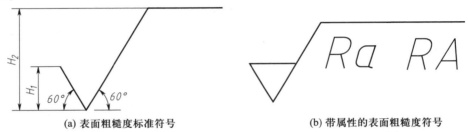

(a) 表面粗糙度标准符号   (b) 带属性的表面粗糙度符号

图 9-6 表面粗糙度符号

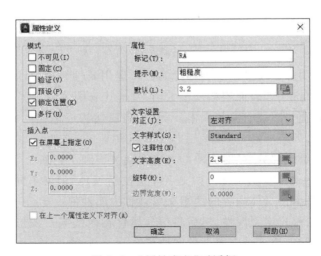

图 9-7 "属性定义"对话框

"属性定义"对话框中部分选项的功能如下。

① "模式"选项区域有六种属性。

- "不可见"复选框：选中该复选框，表示在插入图块时不显示或不打印属性值。
- "固定"复选框：选中该复选框，表示在插入图块时给属性赋固定值。即在插入图块时不再提示属性信息，也不能对该属性值进行修改。
- "验证"复选框：选中该复选框，表示在插入图块时将提示验证属性值是否正确。如果发现错误，可以在该提示下重新输入正确的属性值。读者一般情况下可以选用验证模式。
- "预设"复选框：选中该复选框，表示在插入包含预置属性值的图块时，系统不再提示输入属性值，而是自动插入默认值。
- "锁定位置"复选框：选中该复选框，锁定块参照中属性的位置。
- "多行"复选框：选中该复选框，指定属性值可以包含多行文字。

② "属性"选项区域可输入三种参数。

- "标记"文本框：是属性的名字，提取属性时要用此标记，它相当于数据库中的字段名。属性标记不能为空值，可以使用任何字符组合，最多可以选择 256 个字符。
- "提示"文本框：用于设置属性提示，在插入带该属性的图块时，命令行将显示相应的提示信息。
- "默认"文本框：属性文字，是插入图块时显示在图形中的值或文字字符，该属性可以在插入图块时改变。

③ "插入点"选项区域：用于设置属性的插入点，即属性值在图形中的排列起点。插入点可在绘图区指定，也可以通过在"X""Y""Z"文本框输入相应的坐标值作为属性的定位点。

④ "文字设置"选项区域：可以设置属性文字的对正、样式、高度和旋转角度等。

⑤ "在上一个属性定义下对齐"复选框：选中该复选框，表示使用与上一个属性文字相同的文字样式、文字高度以及旋转角度，并在上一个属性文字的下一行对齐。选中该复选框后，插入点和文字选项不能再定义。如果之前没有创建属性定义，则此选项不可用。

4）单击"创建"图标按钮 ⬚，弹出"块定义"对话框，输入图块名"CCD"；拾取最低点作为基点；单击"选择对象"图标按钮后返回绘图区，选取的对象为绘制的表面粗糙度符号，回车后返回"块定义"对话框，单击"确定"按钮，弹出图 9-8 所示的"编辑属性"对话框，可在"编辑属性"对话框中的文本框内输入所需的表面粗糙度值，单击"确定"按钮，创建了带属性的图块，块名 CCD，如图 9-9 所示。

5）插入带属性的图块。将带属性的表面粗糙度符号插入图中，效果如图 9-10 所示，表面粗糙度值在插入图块过程中可根据需要而改变。

9.1.7 属性的编辑

1. 编辑图块属性

当属性定义被赋予图块并已经插入图形时，仍然可以编辑或修改图块对象的属性值。

（1）命令激活方式

功能区：块→单个 🖉

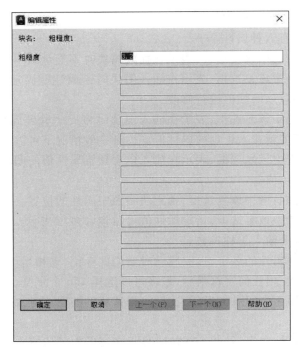

图 9-8 "编辑属性"对话框

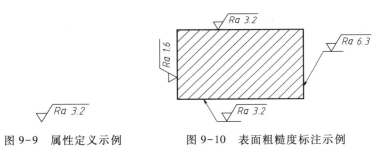

图 9-9 属性定义示例   图 9-10 表面粗糙度标注示例

菜单栏：修改→对象→属性→单个

命令行：EATTEDIT

（2）操作步骤

图 9-11 为已被插入图形的带有属性的标题栏图块，要改变它的属性值可按下述步骤操作：

			材料		比例	
	（图名）					
			数量		图号	
制图	（姓名）	（日期）				
审核			（单位名称）			

图 9-11 已插入图形的带有属性的标题栏图块

1）激活命令。

2）选择标题栏，弹出图 9-12 所示的"增强属性编辑器"对话框。用鼠标左键选择要修改的属性，输入新的属性值，单击"确定"按钮，从而实现插入图块的属性编辑修改。

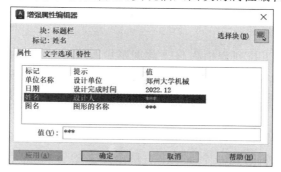

图 9-12 "增强属性编辑器"对话框—"属性"选项卡

"增强属性编辑器"对话框有 3 个选项卡。

①"属性"选项卡：显示了当前图块中每个属性定义的标记、提示和值。如果选择某一个属性，系统就会在"值"列的单元格中显示其对应的属性值。用户可以通过双击该单元格对图块的属性值进行编辑。

②"文字选项"选项卡：如图 9-13 所示，用于修改属性文字的格式。用户可以通过对应的文本框、下拉列表和复选框进行修改。

③"特性"选项卡：如图 9-14 所示，用于修改属性对象的特性，包含属性所在的图层及其具有的线型、颜色和线宽等。

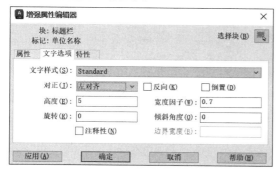

图 9-13 "增强属性编辑器"对话框
—"文字选项"选项卡

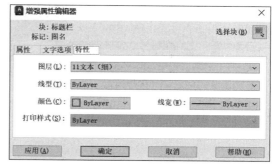

图 9-14 "增强属性编辑器"对话框
—"特性"选项卡

2. 块属性管理器

块属性管理器可在一个窗口下管理图块属性的所有特性。如编辑当前图块中的属性定义、从图块中删除属性以及更改插入图块时系统提示用户属性值的顺序等，而且能将这些修改快速反映到绘图区中。

（1）命令激活方式

功能区：默认→块→属性，块属性管理器

菜单栏:修改→对象→属性→块属性管理器

命令行:BATTMAN

(2)操作步骤

激活命令后,弹出图 9-15 所示的"块属性管理器"对话框。该对话框中部分选项的功能如下。

1)"块"下拉列表:该下拉列表中列出当前图形中具有属性的图块名称。从下拉列表中选择一个要操作的图块对象,这时它所具有的属性定义就会显示在下方列表框中。

2)"选择块"图标按钮:单击该图标按钮,将切换到绘图区,可以选择其他需要进行属性编辑的图块。

3)"同步"按钮:用于将属性定义的编辑同步应用于使用了该定义的其他图块对象。

4)"上移"和"下移"按钮:当一个图块中有两个以上的属性定义时,单击相应按钮,即可将选中的属性定义的位置前移或后移。

5)"编辑"按钮:单击该按钮,弹出"编辑属性"对话框。该对话框可以修改图块属性的有关设置。

6)"删除"按钮:可以从图块定义中删除选定的属性。当定义的图块仅有一个属性定义时,该按钮不可以使用。

7)"设置"按钮:单击该按钮,打开图 9-16 所示的"块属性设置"对话框,可以通过选中复选框,重新定义"块属性管理器"中列出属性信息的显示内容。

图 9-15　"块属性管理器"对话框

图 9-16　"块属性设置"对话框

3.块分解

选择菜单栏"修改"→"分解"菜单项或单击功能区"默认"→"修改"中的图标按钮，然后单击要分解的图块对象,确认后图块就被分解为单个图素。

9.2　外部参照

外部参照是将外部文件作为参照全部或部分地引用到当前文件中。如果希望外部参照文件成为当前文件的一部分,可以将其绑定成为外部块应用到当前文件中去,不需要的时候可以卸载或拆离。外部参照具有如下特点:

1）外部参照只记录引用信息,更加节省存储空间。

2）任何外部参照文件的改变都可以反映到当前图形文件中,即外部参照文件可以实时更新。如果外部参照文件改变了,在当前文件中可以反映出来,这可以方便多人同时设计一幅图。

3）外部参照文件在绑定之前,不能编辑和分解。

4）外部参照文件被改名或移动路径,需要重新指定文件和路径,以确保当前图形可以找到它。

5）可以只显示外部参照文件的一部分,即裁剪外部参照文件。

6）外部参照文件修改后,用户会立即得到通知,便于实时刷新,这使得合作完成设计任务更加方便。

9.2.1 使用外部参照

1. 命令激活方式

功能区:插入→参照→附着

菜单栏:插入→DWG 参照

工具栏:插入→

命令行:XATTACH 或 XA

2. 操作步骤

激活命令后,弹出"选择参照文件"对话框,在对话框内选择外部参照文件。单击对话框中的"打开"按钮,弹出图 9-17 所示的"附着外部参照"对话框,对各项设置后单击"确定"按钮,该文件被参照到当前文件中。

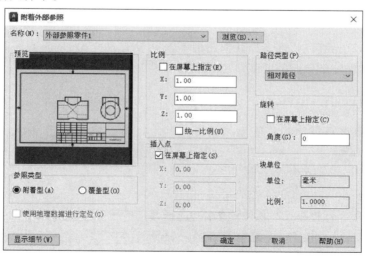

图 9-17 "附着外部参照"对话框

"附着外部参照"对话框中部分选项的功能如下。

1）"名称"文本框:在该文本框中显示的是所选择的参照文件的文件名。也可以在此文本框中重新输入外部参照的文件名,或单击"浏览"按钮,重回到"选择参照文件"对话框中,重新选择外部参照文件名。

2）"参照类型"选项区域:选择"附着型"或"覆盖型"单选项确定参照类型。

①"附着型"单选项:可实现外部参照的多级嵌套,以实现数据共享,但是不能循环嵌套。例如,A图引用了B图,B图又引用了C图,此时C图就不能再引用A图。

②"覆盖型"单选项:覆盖外部参照不能显示嵌套的附着或覆盖外部参照,即它仅显示一层深度。例如,A图覆盖引用了B图,而B图又附着或覆盖引用了C图时,C图在A图中是不可见的。正因为如此,覆盖引用才允许循环引用。

3）"路径类型"选项区域:提供了以下三种路径类型供选择。

①"完整路径":是确定外部参照文件位置的完整的路径结构,即该文件的绝对路径。这是默认选项也是最明确的选项,但缺乏灵活性。

②"相对路径":是依靠当前文件位置来指定该外部参照文件的路径,使用"相对路径"附着外部参照可以获得更大的灵活性。

③"无路径":指外部参照文件没有保存路径信息。

4）"插入点""比例""旋转""块单位"选项区域:确定附着参照中的插入点、比例因子及旋转角度等,与图块插入时的相应操作相同。

9.2.2 编辑外部参照

在图形中加入外部参照后,用户还可根据需要绑定及在位编辑外部参照。

1. 剪裁外部参照

在当前图形中部分引入外部参照时,用户可使用XCLIP命令剪裁外部参照,定义剪裁边界,系统只显示剪裁边界内的外部参照部分。剪裁只对外部参照的引用起作用,而不对外部参照定义本身起作用。

注意:定义剪裁边界后,外部参照几何图形本身并没有改变,只是限制了它的显示范围。通过以下任意方式实现外部参照的剪裁。

（1）命令激活方式

功能区:插入→参照→剪裁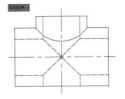

菜单栏:修改→剪裁→外部参照

工具栏:参照→

命令行:XCLIP 或 CLIP 或 XC

（2）操作步骤

激活命令后,命令行将提示"选择对象:",选择参照图形,如图9-18所示,按Enter键结束选择。命令行提示"输入剪裁选项[开(ON)/关(OFF)/剪裁深度(C)/删除(D)/生成多段线(P)/新建边界(N)]<新建边界>:"时,输入"N"回车,命令行提示"指定剪裁边界或选择反向选项:[选择多段线(S)/多边形(P)/矩形(R)/反向剪裁(I)]<矩形>:"时,输入"R"回车,

图9-18 选取的参照图形

利用窗口选择要保留的外部参照区域,如图 9-19 所示。剪裁后的外部参照如图 9-20 所示,主视图被保留,左视图被剪裁。

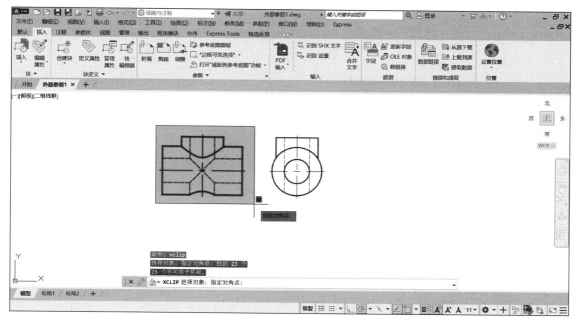

图 9-19　剪裁外部参照

2. 绑定外部参照

外部参照中除了包括图形对象外,还可以包括图块、标注样式、图层、线型和文字样式这样的相关符号。附着外部参照时,AutoCAD 通过在名称前加外部参照文件名来区分相关符号名称和当前图形中相应名称。外部参照文件 Drawing1.dwg 中名为"细实线"的图层在当前图形中被命名为"Drawing1丨细实线",该图层的设置与原始图形(即外部参照)中的"细实线"图层设置一致。

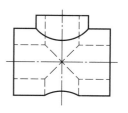

图 9-20　裁剪后的
外部参照

附着外部参照时,其相关符号的定义并不永久添加到图形中。相反,每次重新加载时这些定义都从参照文件中重新加载。用户不能直接参照相关符号,例如不能将相关图层设为当前图层,并在其中创建新对象。

外部参照绑定是将外部参照中的某一部分相关符号绑定到当前图形中,成为当前图形中不可分割的组成部分。

(1)命令激活方式

菜单栏:修改→对象→外部参照→绑定

工具栏:参照→

命令行:XBIND 或 XB

(2)操作步骤

激活命令后,弹出图 9-21 所示的"外部参照绑定"对话框。

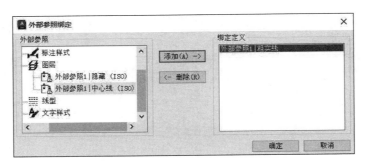

图 9-21 "外部参照绑定"对话框

在该对话框左边的列表中,列出了当前图形的全部外部参照文件。单击某外部参照文件名后,将进一步展开其相关符号。选中某一相关符号,然后单击"添加"按钮,将选中的符号绑定到当前图形中。

相关符号绑定到当前图形后,系统将重新命名相关符号,用"n"(n 为一数字)代替原来的"│"。例如原图层名为"第七章│细实线",重命名为"第七章 0 细实线",此时 $n=0$,如果该名在图形中已存在,则将 n 自动加为 1,直到不重名为止。

3. 在位编辑外部参照

所谓"在位编辑",是指在当前图形中,能够直接编辑外部参照的图形。但要说明的是,在位编辑的过程较烦琐,只适合少量编辑的情况,若编辑工作量很大,最好还是回到原始图形中进行。

在位编辑同样适合于在当前图形中插入的图块(用 MINSERT 命令插入的图形例外),这样就可以避免如图块的分解及重定义等一些烦琐的操作,提高了绘图效率。

(1)命令激活方式

功能区:插入→参照→编辑参照

菜单栏:工具→外部参照和块在位编辑→在位编辑参照

工具栏:参照编辑→

命令行:REFEDIT

(2)操作步骤

激活命令后,命令行提示"选择参照:",选取"外部参照 2"作为在位编辑参照对象,弹出图9-22所示的"参照编辑"对话框。它有"标识参照"和"设置"2 个选项卡。

1)"标识参照"选项卡中部分选项说明如下。

①"参照名"列表框:在该列表框中显示用户选择的外部参照文件(或图块)的名称,如果选择的是嵌套的对象,则会以树状的形式显示出来。

②"路径"说明:显示所选择外部参照文件的路径,如果选择的是图块,则该项目不显示。

③"自动选择所有嵌套的对象"单选项:控制嵌套对象是否自动包含在参照编辑任务中。如果选中此选项,选定参照中的所有对象将自动包括在参照编辑任务中,将在"参照名"列表框中循环显示每个可以选择的外部参照对象。应特别注意的是只能编辑一个外部参照图形。

④"提示选择嵌套的对象"单选项:控制是否逐个选择包含在参照编辑任务中的嵌套对象。如果选中此项,关闭"参照编辑"对话框并进入参照编辑状态后,AutoCAD 将提示用户在要编辑

的外部参照图形中选择特定的对象。

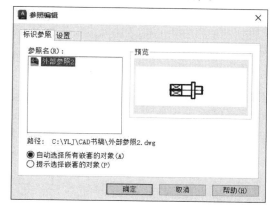

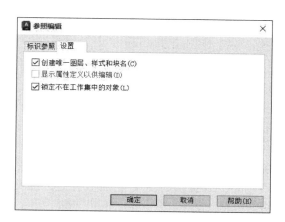

图9-22　"参照编辑"对话框
—"标识参照"选项卡

图9-23　"参照编辑"对话框
—"设置"选项卡

2）"设置"选项卡（图9-23）中各选项说明如下。

①"创建唯一图层、样式和块名"复选框：该复选框控制从外部参照图形中选择出来的对象的图层及相关符号的名称是否唯一。如果设置该项有效，则对象的图层及相关符号的名称是可变的，即在名称上加前缀"n"，与绑定相关符号一样；否则，这些对象的图层及相关符号的名称与外部参照图形中的名称相同。

②"显示属性定义以供编辑"复选框：该复选框控制在编辑图块期间是否提取、显示其属性。

③"锁定不在工作集中的对象"复选框：选中该复选框，锁定所有不在工作集中的对象，从而避免用户在参照编辑状态时意外地选择和编辑当前图形的对象。

如果在"标识参照"选项卡中选择"提示选择嵌套的对象"单选项，选择外部参照图形中将要编辑的一个或多个对象即被加入工作集，系统进入参照编辑模式。

在绘图区看到参照工作集中的对象以正常的颜色显示，表示可以对其进行各种编辑操作；而外部参照图形中的其他对象则以灰色显示，表示暂时锁定，不可以对其进行编辑，如图9-24所示。

另外，如果在进行参照编辑操作前没有将"编辑参照"工具栏显示在绘图环境中，在结束选择编辑工作集时系统将自动弹出图9-25所示的"编辑参照"工具栏。

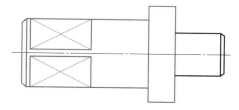

图9-24　编辑参照模式

图9-25　"编辑参照"工具栏

在参照编辑模式下对工作集进行任何一种编辑操作。修改完成后，单击"保存修改"图标按钮，即可退出编辑模式。

9.3 设计中心

通过设计中心,用户不仅可以查看、参照自己的设计,而且还可以方便地浏览,并借鉴他人(网络上)的设计。

绘图过程中,诸如图块、文本样式、图层等命名对象往往需要多次重复使用,而创建这些对象又需要花费很多时间,重复使用和组织好这些命名对象可以极大地提高工作效率。使用设计中心,可以非常方便地把命名对象从一个图形中拖放到另一个图形中,甚至可以提取硬盘驱动器、网络驱动器或 Internet 上的图形文件所包含的命名对象,而不需要重新创建它们。所以,设计中心是 AutoCAD 提供的图块、外部参照之外的又一数据共享手段。

9.3.1 启动设计中心

AutoCAD 中的设计中心与 Windows 系统中的资源管理器很类似,是一个直观、高效的管理工具。

1. 命令激活方式

菜单栏:工具→选项板→设计中心

命令行:ADCENTER 或 ADC

2. 操作步骤

激活命令后,弹出图 9-26 所示的"DESIGNCENTER"(设计中心)选项板。

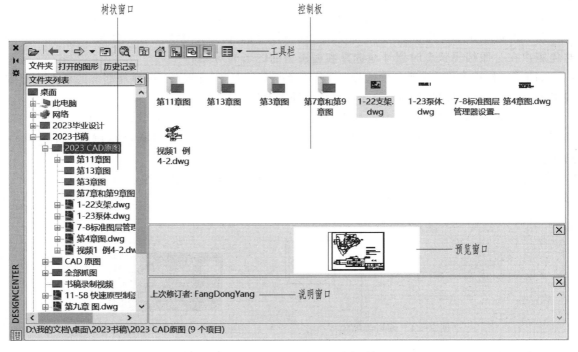

图 9-26 "DESIGNCENTER"选项板

"DESIGNCENTER"选项板中各部分的功能如下。

1）树状窗口：也称为导航窗格，用于显示计算机或网络驱动器中文件和文件夹的层次关系、打开的图形内容及自定义内容等。

2）控制板：用于显示树状窗口中当前选定内容源的内容。

3）预览窗口：用于显示选定图形、图块、填充图案或外部参照的预览。

4）说明窗口：用于显示选定图形、图块、填充图案或外部参照的说明。

5）工具栏各选项的功能如下。

①"加载"图标按钮：显示"加载"对话框（标准的文件选择对话框）。使用"加载"对话框浏览本地计算机、网络服务器或 Web 上的文件，然后将所选择文件的相关内容加载到内容区域。

②"后退"图标按钮：返回到历史记录列表中最近一次的位置。

③"前进"图标按钮：返回到历史记录列表中下一次的位置。

④"上一级"图标按钮：显示当前文件夹或驱动器符等的上一级的内容。

⑤"搜索"图标按钮：显示"搜索"对话框，从中可以指定搜索条件，以便查找图形、图块和非图形对象。利用"搜索"对话框查找系统资源，可以节省时间，提高工作效率。

⑥"收藏夹"图标按钮：在内容区域中显示"收藏夹"文件夹的内容。"收藏夹"文件夹包含经常访问项目的快捷键。要为收藏夹添加项目，可以在内容区域或树状窗口中的项目上点击鼠标右键弹出快捷菜单，然后选择"添加到收藏夹"菜单项。

⑦"主页"图标按钮：将设计中心返回到默认文件夹。

⑧"树状图切换"图标按钮：显示或隐藏树状窗口。隐藏树状窗口时，只显示右边窗口内容区域。

⑨"预览"图标按钮：显示或隐藏预览窗口。通过预览窗口可以预览当前选择的某一内容的图形。

⑩"说明"图标按钮：显示或隐藏说明窗口。通过说明窗口说明预览窗口图形的信息（如果有的话）。

⑪"视图"图标按钮：单击右侧的小箭头，将弹出一个下拉菜单，有 4 种显示方式供用户选择，由此确定显示窗口显示方式。

9.3.2 用设计中心打开图形

利用设计中心可以很方便地打开所选的图形文件，具体有以下两种方法。

1. 用快捷菜单打开图形

在控制板的图形文件图标上点击鼠标右键，从弹出的快捷菜单中选择"在应用程序窗口中打开"菜单项，如图 9-27 所示，可将所选图形文件打开并设置为当前图形。

2. 用拖拽方式打开图形

在设计中心的控制板中，单击需要打开图形文件的图标，并按住鼠标左键将其拖拽到 Auto-CAD 主窗口中除绘图区和功能区以外的任何地方（如菜单栏或命令行），松开鼠标左键，AutoCAD 可打开图形文件，并将其设置为当前图形。要利用设计中心打开图形，可首先在控制板中显示图形文件列表，然后将图形文件图标从控制板拖到菜单栏即可。

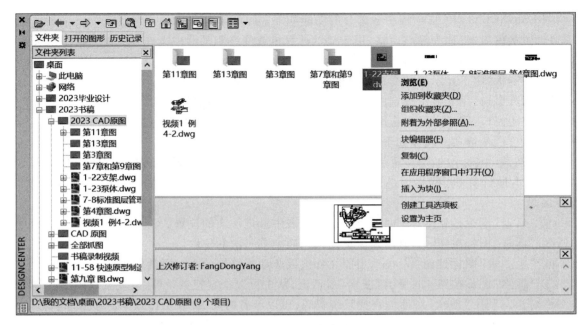

图 9-27　用快捷菜单打开图形

注意： 如果拖拽图形文件到 AutoCAD 绘图区中，则是将该文件作为一个图块插入到当前图形中，而不是打开该图形。

9.3.3　用设计中心查找及添加信息到图形中

利用设计中心的"搜索"图标按钮可以打开图 9-28 所示的"搜索"对话框。用户可在"搜索"对话框中设置搜索条件，可以快速查找图层、图块、标注样式和图文等信息。

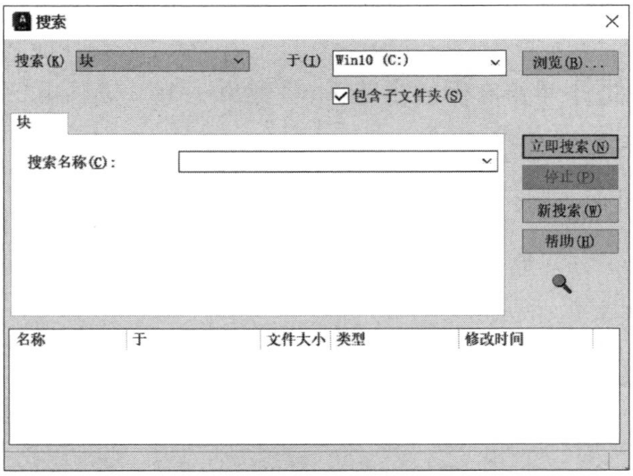

图 9-28　"搜索"对话框

操作步骤：

1）在"DESIGNCENTER"选项板上单击"搜索"图标按钮 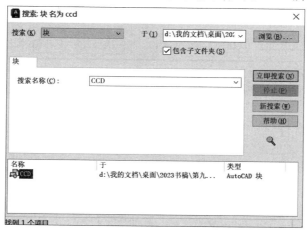，弹出"搜索"对话框，在"搜索"下拉列表中选择"块"选项。

2）单击"浏览"按钮，指定开始搜索的位置。

3）在"搜索名称"文本框中输入搜索的图块名"CCD"。

4）单击"立即搜索"按钮，在对话框下方显示搜索结果，如图 9-29 所示。

图 9-29   搜索图块

5）可选择其中一个搜索结果，直接将其拖拽到绘图区，则图块"CCD"应用到当前图形。

注意： 如果要查找新的内容则需单击"新搜索"按钮以清除之前的搜索设置。

习   题

1. 用 BLOCK 命令分别创建图 9-30 所示的独立图块，图中的"+"或"×"符号为图块的插入基点。

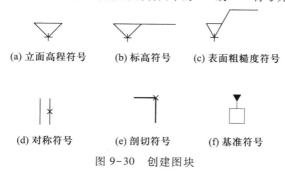

(a) 立面高程符号   (b) 标高符号   (c) 表面粗糙度符号

(d) 对称符号   (e) 剖切符号   (f) 基准符号

图 9-30   创建图块

2. 将图 9-31 中的标高代号、表面粗糙度代号分别创建为外部块，然后完成图 9-31 中相应标注。

3. 利用设计中心完成图 9-32 所示的螺栓连接图形的绘制。

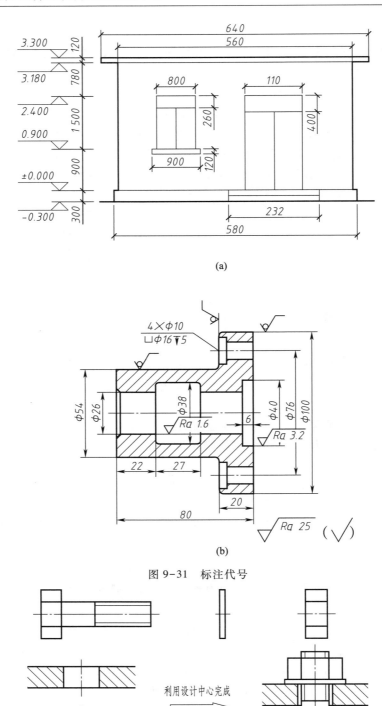

(a)

(b)

图 9-31 标注代号

利用设计中心完成

图 9-32 绘制及装配图形

第 10 章　三维绘图基础知识

10.1　三维坐标系

要创建和观察三维图形,就一定要使用三维坐标系和三维坐标。创建三维对象时,可以使用笛卡儿坐标系、柱坐标系或球坐标系定位。本章以三维建模为工作空间。

1. 笛卡儿坐标系

笛卡儿坐标系有 X、Y、Z 3 个坐标轴,可用坐标 (x,y,z) 表示点,即点到 YZ 平面的距离 (x),点到 XZ 平面的距离 (y),点到 XY 平面的距离 (z)。AutoCAD 默认的世界坐标系是基于标准的笛卡儿坐标系,其 X 轴是水平的,Y 轴是竖直的,Z 轴垂直于 XY 平面。其格式如下。

绝对坐标:x,y,z。

相对坐标:@ $\Delta x,\Delta y,\Delta z$。其中,$\Delta x,\Delta y,\Delta z$ 分别为相对于上一点的 x,y,z 坐标值差。

2. 柱坐标系

柱坐标系具有 3 个参数:点在 XY 平面的投影到坐标原点的距离、点在 XY 平面的投影和坐标原点的连线与 X 轴正向的夹角、点的 z 坐标值。其格式如下。

绝对坐标:$r_0<\psi_0,z$。其中,r_0 为该点在 XY 平面的投影到坐标原点的距离,ψ_0 为该点在 XY 平面的投影和坐标原点的连线与 X 轴正向的夹角,z 为该点的 z 坐标值。

相对坐标:@ $r_P<\psi_P,\Delta z$。其中,r_P 为该点在 XY 平面的投影到上一点在 XY 平面的投影的距离,ψ_P 为该点在 XY 平面的投影和上一点的连线与 X 轴正向的夹角,Δz 为该点与上一点的 z 坐标值差。

3. 球坐标系

球坐标系使用以下 3 个参数表示:点到坐标原点的距离、点和坐标原点的连线在 XY 平面的投影与 X 轴正向的夹角、点和坐标原点的连线与 XY 平面的夹角。其格式如下。

绝对坐标:$r_0<\theta_0<\psi_0$。其中,r_0 为该点到坐标原点的距离,θ_0 为该点和坐标原点的连线在 XY 平面的投影与 X 轴正向的夹角,ψ_0 为该点和坐标原点的连线与 XY 平面的夹角。

相对坐标:@ $r_P<\theta_P<\psi_P$。其中,r_P 为该点到上一点的距离,θ_P 为该点和上一点的连线在 XY 平面的投影与 X 轴正向的夹角,ψ_P 为该点和上一点的连线与 XY 平面的夹角。

10.2　三维模型的形式

AutoCAD 2023 可以支持线框模型、表面模型和实体模型 3 种类型的三维对象。

1. 线框模型

线框模型是一个轮廓模型。它没有面,只描述对象边界的点、直线和曲线。由于构成线框模型的每个对象都必须单独绘制和定位,因此绘制线框模型比较耗时。图 10-1 所示为线框模型。

2. 表面模型

表面模型比线框模型更为复杂,它不仅定义三维对象的边,还定义它的表面,它可以是不封闭的。由于表面模型是不透明的,因此它可以被消隐显示。用户还可以从表面模型中获得相关的表面信息。图 10-2 所示为表面模型。

3. 实体模型

实体模型表示整个对象的体积。在各类三维模型中,实体的信息最完整,歧义最少。在二维线框的视觉样式下,实体模型的显示与线框模型相似,但是实体模型可以进行体着色、渲染。图 10-3 所示为真实视觉样式下的实体模型。

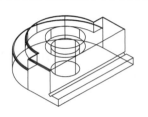

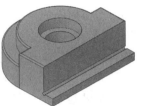

图 10-1   线框模型   图 10-2   表面模型   图 10-3   实体模型

10.3   绘制三维点和三维线

10.3.1   绘制三维点

选择菜单栏“绘图”→“点”→“单点”菜单项,然后在命令行中直接输入三维坐标即可绘制三维点。除了可以使用笛卡儿坐标、柱坐标或球坐标绘制三维点外,还可以使用夹点和坐标过滤器来拾取三维点的位置。

1. 坐标过滤器

使用 AutoCAD 坐标过滤器,可以方便地得到视图中任意一点的 x、y 和 z 坐标值并为当前点所用。坐标过滤器在三维中的操作方式如下:

1)在命令行上输入一个句点以及一个或多个 X、Y 和 Z 字母指定过滤器。AutoCAD 接受以下过滤器选择:

.X(得到点的 x 坐标值)

.Y(得到点的 y 坐标值)

.Z(得到点的 z 坐标值)

.XY(得到点的 x、y 坐标值)

.XZ(得到点的 x、z 坐标值)

.YZ(得到点的 y、z 坐标值)

2)使用快捷方式。按住 Shift 键的同时点击鼠标右键,在弹出的图 10-4 所示的快捷菜单中选择"点过滤器"子菜单来获得点的坐标值。

下面以使用坐标过滤器绘制直线为例说明操作过程。

执行直线命令,命令行提示:

指定第一个点:.XY✓(使用.XY 坐标过滤器)

于(拾取要参考的点)(需要 Z):(输入 z 坐标值)✓

指定下一点或[放弃(U)]:.YZ ✓(使用 .YZ 坐标过滤器)

于(拾取要参考的点)(需要 X):(输入 x 坐标值)✓

指定下一点或[放弃(U)]:✓

执行结果:绘制了这样一条直线段,其起点的 x、y 坐标值与第一个拾取点相同,第二点的 y、z 坐标值与第二个拾取点相同。

2. 对象捕捉

使用对象捕捉定位一个三维点时,不受当前标高设置的影响,完全使用捕捉点的 x、y、z 坐标值。另外,要尽量避免多个捕捉点重合。如有这种情况,可以旋转视图到另外一个能够分清楚各点的视图。

3. 使用夹点

使用夹点来拾取三维点也是一种比较常见的方法,但是曲面没有夹点。

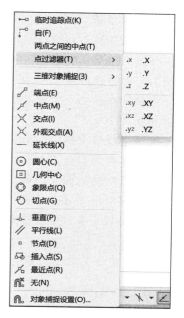

图 10-4　快捷菜单中
"点过滤器"子菜单

10.3.2　绘制三维线

绘制三维直线的命令和步骤与绘制二维直线的相同。只是在输入点的坐标时,须指定 z 坐标值。如果不指定,AutoCAD 认为 z 坐标为 0。在三维基础工作空间中可使用菜单栏"绘图"→"样条曲线"→"拟合点"菜单项,可以绘制 3D 样条曲线,但定义样条曲线的点不能共面。在三维建模工作空间中绘制三维多段线需要使用三维多段线命令。

1. 命令激活方式

功能区:常用→绘图→三维多段线

菜单栏:绘图→三维多段线

命令行:3DPOLY 或 3P

2. 操作步骤

激活命令后,命令行提示:

指定多段线的起点:(指定起点)✓

指定直线的端点或[放弃(U)]:(指定端点)✓

多段线可以由多段三维直线组成,但其线宽是一定的。不能单独为每段线设置线宽,而且不能包含圆弧。

10.3.3　设置对象的标高和厚度

设置当前二维图形的标高(ELEV)、厚度(THICKNESS)。

1. 命令激活方式

命令行：ELEV

2. 操作步骤

激活命令后，命令行提示：

指定新的默认标高<0.0000>:20↙（指定标高数值）

指定新的默认厚度<0.0000>:10↙（指定厚度数值）

设置标高相当于指定绘图平面的 z 坐标值。该操作设置当前绘图平面的 z 坐标值为20，图形的厚度为10。

在一个视口中指定一个标高后，上述标高在所有视口中成为当前标高，在此基础上绘制的对象均以该标高为起点。当改变坐标系时，标高重置为默认标高0。

在设置标高的同时还可以设置对象厚度。该厚度值为二维对象增加了向上或向下的拉伸值。正值表示沿 Z 轴正方向拉伸，而负值表示沿 Z 轴负方向拉伸。设置了非零厚度后，绘制二维点就会得到一条线，绘制圆会得到圆柱侧面。也可以直接使用 THICKNESS 命令设置对象厚度。

ELEV 命令只对新对象起作用，不影响已经存在的对象。所以，要使用标高，必须提前设置。

10.3.4　绘制螺旋线

1. 命令激活方式

功能区：常用→绘图→螺旋

菜单栏：绘图→螺旋

命令行：HELIX

2. 操作步骤

激活命令后，命令行提示：

指定底面的中心点：（输入中心点）↙

指定底面半径或［直径（D）]<1.0000>:（输入底面半径）↙

指定顶面半径或［直径（D）]<1.0000>:（输入顶面半径）↙

指定螺旋高度或［轴端点（A）/圈数（T）/圈高（H）/扭曲（W）]<1.0000>:

在该提示下，可以直接输入螺旋线的高度，按默认的圈数和旋向来绘制螺旋线。其他选项的功能如下。

1）"轴端点（A）"：指定轴的端点，绘制以底面中心点到该轴端点的距离为高度的螺旋线。

2）"圈数（T）"：指定螺旋线的螺旋圈数，默认情况下，螺旋线的圈数为3。

3）"圈高（H）"：指定螺旋线各圈之间的距离。

4）"扭曲（W）"：指定螺旋线的旋转方向是顺时针（CW）还是逆时针（CCW）。

10.4　用户坐标系

AutoCAD 支持世界坐标系（WCS）和用户坐标系（UCS）。用户坐标系是用于坐标输入、更改绘图平面的一种可移动的坐标系统。通过定义用户坐标系，可以更改原点位置、XY 平面及 Z 轴的方向。改变 UCS 并不改变视点,只改变坐标系的方向和倾斜度。系统的默认坐标系是世界坐标系。

10.4.1 新建用户坐标系

1. 命令激活方式

功能区:常用→坐标→

菜单栏:工具→新建 UCS→世界

工具栏:UCS→

命令行:UCS

2. 操作步骤

激活命令后,命令行提示:

指定 UCS 的原点或[面(F)/命名(NA)/对象(OB)/上一个(P)/视图(V)/世界(W)/ X/Y/Z / Z 轴(ZA)]<世界>:

各选项的说明如下。

1)"指定 UCS 的原点":保持 X、Y 和 Z 轴方向不变,移动当前 UCS 的原点到指定位置。

2)"面(F)":将 UCS 与实体对象的选定面对齐。

3)"命名(NA)":为新的 UCS 命名。

4)"对象(OB)":根据选定的三维对象定义新的坐标系。该选项使得选择的对象位于新 UCS 的 XY 平面,选择的那条线就为 X 轴。

5)"上一个(P)":恢复上一个 UCS。AutoCAD 可以保存已创建的最后 10 个坐标系。重复"上一个(P)"选项可以逐步返回到之前的某个 UCS。

6)"视图(V)":以平行于屏幕的平面为 XY 平面,建立新的坐标系,UCS 原点保持不变。

7)"世界(W)":将当前用户坐标系设置为世界坐标系。世界坐标系是所有用户坐标系的基准,不能被重新定义。它也是 UCS 命令的默认选项。

8)"X/Y/Z":绕指定轴旋转当前 UCS。

9)"Z 轴(ZA)":定义 Z 轴正半轴,从而确定 XY 平面。

新建 UCS 时,输入的坐标值和坐标的显示均是相对于当前的 UCS。

10.4.2 "UCS"对话框

用户可以使用"UCS"对话框进行 UCS 管理和设置。

1. 命令激活方式

功能区:常用→坐标→

菜单栏:工具→命名 UCS

工具栏:UCS Ⅱ →

命令行:UCSMAN 或 UC

2. 操作步骤

激活命令后,弹出"UCS"对话框。该对话框有"命名 UCS""正交 UCS"和"设置"3 个选项卡。

1)"命名 UCS"选项卡如图 10-5 所示。该选项卡列出了 AutoCAD 目前已有的坐标系。选中一个坐标系,并单击"置为当前"按钮,可以把它设置为当前坐标系。单击"详细信息"按钮可以查看该坐标系的详细信息。

2)"正交 UCS"选项卡如图 10-6 所示。该选项卡列出了预设的正交 UCS,选中一个 UCS,单击"置为当前"按钮,可以设置为当前的 UCS。也可以单击"详细信息"按钮查看详细信息。还可以从"相对于"下拉列表中选择图形的 UCS 参考坐标系。

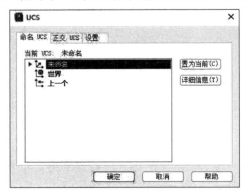

图 10-5　"UCS"对话框——
"命名 UCS"选项卡

图 10-6　"UCS"对话框——
"正交 UCS"选项卡

3)"设置"选项卡如图 10-7 所示。

"UCS 图标设置"选项区域用于设置 UCS 图标。

① "开"复选框:控制是否在屏幕上显示 UCS 图标。

② "显示于 UCS 原点"复选框:控制 UCS 图标是否显示在坐标原点上。

③ "应用到所有活动视口"复选框:控制是否把当前 UCS 图标的设置应用到所有视口。

④ "允许选择 UCS 图标"复选框:控制 UCS 图标是否能够在屏幕上移动。

"UCS 设置"选项区域用于设置 UCS。

① "UCS 与视口一起保存"复选框:控制是否把当前的 UCS 设置与视口一起保存。

② "修改 UCS 时更新平面视图"复选框:控制当 UCS 改变时是否恢复平面视图。

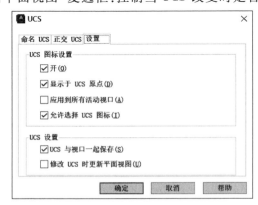

图 10-7　"UCS"对话框——"设置"选项卡

10.5　三维显示功能

AutoCAD 2023 有全面的三维显示功能。可以在模型空间使用"视图""定义视点"和"三维轨迹球"等方式来观察图形。

10.5.1　视图

AutoCAD 中,视图包括俯视、仰视、左视、右视、前视、后视 6 个基本视图和西南等轴测、东南等轴测、东北等轴测、西北等轴测 4 个轴测图。

1. 命令激活方式

功能区:可视化→命名视图→视图管理器 📇

菜单栏:视图→命名视图

工具栏:视图→📇

命令行:VIEW

2. 操作步骤

激活命令后,打开"视图管理器"对话框,如图 10-8 所示。在左侧树状窗口中展开"预设视图",选择要显示的视图,单击"置为当前"按钮,把它设置为当前视图。也可以在菜单栏"视图"→"三维视图"子菜单或"视图"工具栏上直接选择相应的选项。

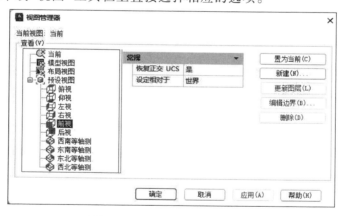

图 10-8　"视图管理器"对话框

10.5.2　视点预设

视点表示用户观察图形和模型的位置。默认的视点坐标是(0,0,1)。用户可以通过视点预设改变视点坐标。"视点预设"对话框使用两个参数定义视点:一是视点与坐标原点的连线在 XY 平面上投影与 X 轴正向的夹角;二是连线与 XY 平面的夹角。

1. 命令激活方式

菜单栏:视图→三维视图→视点预设

命令行:DDVPOINT 或 VP

2. 操作步骤

激活命令后,屏幕弹出图 10-9 所示的"视点预设"对话框。在该对话框中左侧图形代表视点与坐标原点连线在 XY 平面上的投影与 X 轴正向的夹角。右侧图形代表连线与 XY 平面的夹角。各选项的功能如下。

1)"绝对于 WCS"单选项:选择该单选项,表示观测角是相对于世界坐标系的。

2)"相对于 UCS"单选项:选择该单选项,表示观测角是相对于用户坐标系的。

3)"自:X 轴"文本框:输入与 X 轴的夹角。

4)"自:XY 平面"文本框:输入与 XY 平面的夹角。

5)"设置为平面视图"按钮:显示平面视图。

图 10-9 "视点预设"对话框

10.5.3 使用罗盘设置视点

1. 命令激活方式

菜单栏:视图→三维视图→视点

2. 操作步骤

激活命令后,命令行提示:

指定视点或[旋转(R)]<显示指南针和三轴架>:

各选项的说明如下。

1)"指定视点":指定视点的坐标值。

2)"旋转(R)":通过视点与坐标原点连线在 XY 平面上的投影与 X 轴的夹角以及连线与 XY 平面的夹角定义视点。

3)"显示指南针和三轴架":使用罗盘和三轴架确定视点。

激活命令后,屏幕显示如图 10-10a 所示。十字光标代表视点在 XY 平面的投影。罗盘的中心是 Z 轴正向。十字光标在小圆之内代表与 XY 面夹角为 0°~90°,在小圆上代表与 XY 面夹角为 0°。在大、小圆之间代表与 XY 面夹角为 0°~-90°,在大圆上代表与 XY 面夹角为-90°,如图 10-10b 所示。

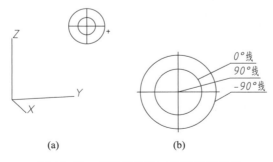

(a)   (b)

图 10-10 使用罗盘和三轴架确定视点

10.5.4　三维动态观察

前面介绍的几种显示模式操作比较精确,但是视点设置烦琐。为此,系统提供了交互的动态观察器,既可以查看整个图形,也可以从不同方向查看模型中的任意对象,还可以连续观察图形。

1. 受约束的动态观察

（1）命令激活方式

菜单栏:视图→动态观察→受约束的动态观察

工具栏:动态观察→⊕

命令行:3DORBIT 或 3DO 或 ORBIT

（2）操作步骤

激活命令后,即可拖动光标指针来动态观察模型。观察视图时,视图的目标位置保持不变,相机位置（或观察点）围绕该目标移动。默认情况下,观察点会被约束沿着世界坐标系的 XY 平面或 Z 轴移动。

2. 自由动态观察

（1）命令激活方式

菜单栏:视图→动态观察→自由动态观察

工具栏:动态观察→⊕

命令行:3DFORBIT

（2）操作步骤

激活命令后,在屏幕上移动光标即可旋转观察三维模型。

3. 连续动态观察

（1）命令激活方式

菜单栏:视图→动态观察→连续动态观察

工具栏:动态观察→⊘

命令行:3DCORBIT

（2）操作步骤

激活命令后,在绘图区单击,并沿任何方向拖动光标,使对象沿拖动方向开始移动。释放后,对象在指定的方向上继续它们的轨迹运动。光标移动的速度决定了对象的旋转速度。再次单击并拖动鼠标可以改变旋转轨迹的方向。也可以在绘图区点击鼠标右键,在弹出的快捷菜单中选择一个菜单项来修改连续轨迹的显示。

10.6　多视口管理

为了更好地观察和编辑三维图形,根据需要可以把屏幕分割成几个视口,可以分别控制各个视口的显示方式。在模型空间可以通过对话框和命令行进行多视口设置。

10.6.1 通过对话框设置多视口

1. 命令激活方式

功能区:可视化→模型视口→命名

菜单栏:视图→视口→命名视口

工具栏:视口→

命令行:VPORTS

2. 操作步骤

激活命令后,打开"视口"对话框,如图 10-11 所示。该对话框包括"新建视口""命名视口"两个选项卡。

图 10-11 "视口"对话框

1)"新建视口"选项卡:显示标准视口配置列表和配置平铺视口。

①"新名称"文本框:输入新创建的平铺视口的名称。

②"标准视口"列表框:列出了可用的标准视口配置,其中包括当前配置。

③"预览"列表框:预览选定视口的图像,以及在配置中被分配到每个独立视口的默认视图。

④"应用于"下拉列表:将平铺的视口配置应用到整个显示窗口或当前视口。

⑤"设置"下拉列表:用来指定使用二维或三维设置。如果选择"二维",则在所有视口中使用当前视图来创建新的视口配置。如果选择"三维",则可以用一组标准正交三维视图配置视口。

⑥"修改视图"下拉列表:选择一个视口配置来代替已选定的视口配置。

⑦"视觉样式"下拉列表:用于选择需要的视觉样式。

2)"命名视口"选项卡:显示图形中所有已保存的视口配置。"当前名称"后显示当前视口配置的名称。

例如在"新建视口"选项卡中的"标准视口"列表框中选择"三个:右";更改"设置"为"三

维";选中左上视口使用"修改视图"下拉列表调整它的显示方式为"当前";选中左下视口调整它的显示方式为"东北等轴测";选中右侧视口调整它的显示方式为"东南等轴测";单击"确定"按钮,绘图区显示如图 10-12 所示。

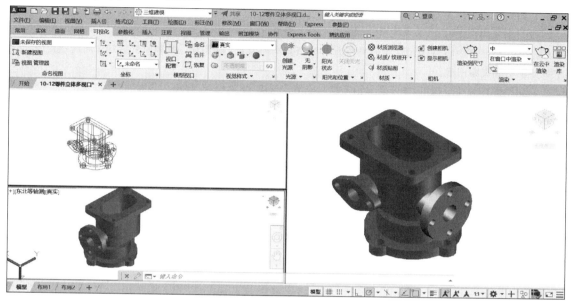

图 10-12　设置多视口

10.6.2　使用命令行设置多视口

如果在模型空间,从命令行输入"-VPORTS",则命令行提示:

输入选项[保存(S)/恢复(R)/删除(D)/合并(J)/单一(SI)/?/2/3/4/切换(T)/模式(MO)]<3>:

各选项的说明如下。

1)"保存(S)":使用指定的名称保存当前视口配置。

2)"恢复(R)":恢复以前保存的视口配置。

3)"删除(D)":删除命名的视口配置。

4)"合并(J)":将两个邻接的视口合并为一个较大的视口,得到的视口将继承主视口的视图。

5)"单一(SI)":返回到单一视口的视图中,该视图使用当前视口的视图。

6)"?":显示活动视口的标识号和屏幕位置。

7)"2":将当前视口拆分为相等的两个视口。

8)"3":将当前视口拆分为三个视口。

9)"4":将当前视口拆分为大小相同的四个视口。

10)"切换(T)":重复输入"T",图形可在光标所在的单视口和多视口之间切换。

11)"模式(MO)":将视口配置应用至"当前视口(C)"或"显示(D)"。

习　　题

1. 比较线框模型与表面模型的不同。

2. 练习新建用户坐标系。

3. 绘制一个底面中心为(0,0),底面半径为100,顶面半径为80,高度为200,顺时针旋转8圈的螺旋线,并使用三维显示功能观察图形。

4. 设置绘图区为4个视口,并分别显示三维对象的主视图、俯视图、左视图和西南轴测图。

第 11 章　三维实体绘制及应用

11.1　绘制三维表面

11.1.1　绘制平面曲面

1. 命令激活方式

功能区:曲面→创建→平面▰

菜单栏:绘图→建模→曲面→平面

工具栏:曲面创建→▰

命令行:PLANESURF

2. 操作步骤

激活命令后,命令行提示:

指定第一个角点或[对象(O)]<对象>:(指定第一点)↙

直接回车,绘制平面曲面,接下来按命令行的提示信息"指定其他角点:"输入其他角点坐标。

"对象(O)"选项:把选择的对象转换为平面曲面。

注意:可以转换为平面曲面的对象为任何封闭的多段线、多边形、圆、椭圆、样条曲线、圆环等。

11.1.2　绘制三维平面

在三维空间的任意位置绘制平面。

1. 命令激活方式

菜单栏:绘图→建模→网格→三维面

命令行:3DFACE 或 3F

2. 操作步骤

激活命令后,命令行提示:

指定第一点或[不可见(I)]:(选择第一点)↙("不可见(I)"选项用来控制绘制的三维平面的边线是否可见。)

指定第二点或[不可见(I)]:(指定第二点)↙

指定第三点或[不可见(I)]<退出>:(按 Enter 键可退出三维平面的绘制,并不能生成三维

平面。如果指定了第三点,按 Enter 键,系统会继续提示)

指定第四点或[不可见(I)]<创建三侧面>:(指定第四点后按 Enter 键,则生成四边平面;按 Enter 键,直接生成一个三边平面。系统都会继续提示)

指定第三点或[不可见(I)]<退出>:

用 3DFACE 命令,可以连续完成相邻平面的绘制,下一个三边或四边平面将以上一个平面的最后两点作为其第一、二个点。

在 AutoCAD 中,可用 3DFACE 命令在三维空间中的任意位置创建三边或四边平面。通过为三维面的角点指定不同的 z 坐标值来实现任意位置的三维平面的绘制。

例 11-1 使用绘制三维平面命令创建一个正四棱锥的表面模型。

1) 执行 3DFACE 命令,按照系统提示在绘图区单击确定第一点。

2) 按照系统提示输入第二点的坐标:@ 100,0,0✓

3) 按照系统提示输入第三点的坐标:@ 0,100,0✓

4) 按照系统提示输入第四点的坐标:@ -100,0,0✓

此时生成一个边长为 100 的正方形平面。

5) 继续按照系统提示输入下一个平面的第三点坐标:@ 50,-50,100✓

6) 在系统提示下直接按 Enter 键,则可完成四棱锥的一个侧面。

7) 在系统提示下输入坐标:@ 50,-50,-100✓

8) 在系统提示下输入坐标:@ 0,100,0✓

此时可完成四棱锥第二个侧面的绘制。

9) 之后要连续完成四棱锥的绘制是可以的,但可能产生多余的边或面,为了避免这种情况,可以按 Enter 键结束当前的三维平面绘制命令。

图 11-1 绘制三维平面

10) 再次执行 3DFACE 命令,此时,可以用目标捕捉方式来捕捉用来构成三维平面的点,完成另外两个侧面的绘制。最后的绘制结果如图 11-1 所示。

11.1.3 绘制其他三维表面

1. 三维网格

绘制三维网格,可根据指定的 M 行 N 列顶点和每一个顶点的位置生成三维多边形网格。M 和 N 值的最小值为 2,最大值为 256,类似于由行和列组成的栅格。

(1) 命令激活方式

命令行:3DMESH

(2) 操作步骤

激活命令后,命令行提示:

输入 M 方向上的网格数量:4(输入选定的值,现选为 4)✓

输入 N 方向上的网格数量:4(输入选定的值,现选为 4)✓

下面按照命令行提示,依次指定 16 个顶点的位置,即可绘制出三维网格,如图 11-2 左图所示。

选择菜单栏"修改"→"对象"→"多段线"菜单项后可以编辑绘制的网格。例如,使用该命令提示中的"平滑曲面(S)"选项可以对曲面进行平滑操作,如图 11-2 右图所示。

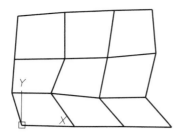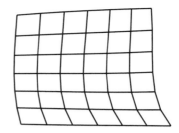

图 11-2　绘制三维网格及对绘制三维网格进行平滑处理后的效果

2. 直纹网格

直纹网格是指用直线连接两个边界对象构造成的网格。其构造直线的数量由系统变量 SURFTAB1 的值决定,直线与边界对象所形成的许多直纹网格平面就构成了网格。

要创建直纹网格,首先需要创建两个边界对象,这两个边界对象可以是直线、点、圆、圆弧、二维多段线、三维多段线或样条曲线,两个边界对象要么同时开放,要么同时封闭,但如果一个边界对象是点的话,则另一个边界对象可以开放,也可以封闭。

（1）命令激活方式

功能区:网格→图元→直纹曲面

菜单栏:绘图→建模→网格→直纹网格

命令行:RULESURF

（2）操作步骤

激活命令后,命令行提示:

当前线框密度:SURFTAB1 = 36

选择第一条定义曲线:（指定第一条线）

选择第二条定义曲线:（指定第二条线）

创建直纹网格时,如果边界曲线是开放的对象,那么直线从距离边界拾取点最近的一端开始绘制,因此拾取边界时的拾取点不同,所生成的直纹网格也可能不同。但如果边界曲线是封闭的对象,对于圆来说,布置绘制直线的起始点是当前坐标系的 0° 点,对于封闭的多段线,绘制直线的起始点是最后一个顶点,所生成的直纹网格与边界拾取点无关。

不同边界曲线的直纹网格如图 11-3 所示。

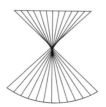

边界曲线为直线　　边界曲线为直线　　边界曲线为　　　　边界曲线为样条
及圆弧,拾取点　　　及圆弧,拾取点　　　五边形及圆　　　　曲线及点
在同一侧　　　　　　不在同一侧

图 11-3　不同边界曲线的直纹网格

3. 边界网格

边界网格是通过连接四条相邻的边线构造的网格,所形成的网格也是由小网格平面拼合而成,网格的密度取决于系统变量 SURFTAB1 及 SURFTAB2 的大小。

边界网格的构造边线可以是直线、圆弧、样条曲线或开放的二维或三维多段线,这些边线必须在端点处相交形成一个封闭环,边界网格是在这四条边线间形成的插值型的立体表面。边线必须在调用边界网格命令之前事先绘出。

(1)命令激活方式

功能区:网格→图元→边界曲面

菜单栏:绘图→建模→网格→边界网格

命令行:EDGESURF

(2)操作步骤

激活命令后,命令行提示:

当前线框密度:SURFTAB1 = 12　　SURFTAB2 = 12

选择用作曲面边界的对象 1:(指定第一条线)

选择用作曲面边界的对象 2:(指定第二条线)

选择用作曲面边界的对象 3:(指定第三条线)

选择用作曲面边界的对象 4:(指定第四条线)

例 11-2　试建立一个半圆柱面边界网格。

1)绘制边界线。

① 在当前的世界坐标系下,调用矩形命令绘制一个矩形。单击按钮 **东南等轴测** 切换视图的观察方向,随时改变观察方向在三维建模中非常重要。

② 执行 UCS 命令建立自己的坐标系,系统会提示:

当前 UCS 名称:*世界*

指定 UCS 的原点或[面(F)/命名(NA)/对象(OB)/上一个(P)/视图(V)/世界(W)/ X/Y/ Z / Z 轴(ZA)]<世界>:za✓(以定义新的 Z 轴方向方式来建立新坐标系)

指定新原点或[对象(O)]<0,0,0>:(以捕捉方式捕捉矩形的一个顶点作为新坐标系的原点)

在 Z 轴范围上指定点:(以捕捉方式定义矩形的长边为新坐标系的 Z 轴方向)

③ 执行圆命令绘制一个圆。圆的中心可用捕捉命令捕捉短边的中点;圆的半径可用捕捉命令捕捉短边的端点。用同样方法在另一条短边上绘制圆,也可采用复制方法将刚绘制的圆复制到另一条短边上。

④ 执行分解命令 将矩形分解,再执行修剪命令对建立的图形进行修剪,执行删除命令擦除矩形的短边,生成可建立半圆柱面的四条边线。

2)激活 EDGESURF(边界网格)命令,系统会提示:

当前线框密度:SURFTAB1 = 12　　SURFTAB2 = 12

选择用作曲面边界的对象 1:(指定第一条线)

选择用作曲面边界的对象 2:(指定第二条线)

选择用作曲面边界的对象 3 :(指定第三条线)

选择用作曲面边界的对象 4 :(指定第四条线)

顺次选择四条边线,完成边界网格的绘制,如图 11-4 所示。

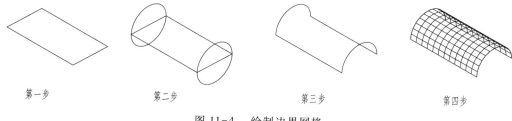

第一步   第二步   第三步   第四步

图 11-4   绘制边界网格

由于绘制边界网格时,要求边界线必须在端点处相交,而且必须形成封闭环,因此采用捕捉方式更能提高绘图效果。

4. 平移网格

平移网格是通过将一条轮廓线沿一方向矢量平移构造成的曲面生成的一种网格,网格密度由系统变量 SURFTAB1 决定。

轮廓曲线定义多边形网格的曲面形状,它可以是直线、圆弧、圆、椭圆、二维或三维多段线,若是由这些线中两种以上的线绘制的轮廓曲线,平移前要先把对象转化为多段线。系统从轮廓曲线上离拾取点最近的端点开始绘制曲面。可以选择直线或开放的多段线作为方向矢量,而且 AutoCAD 只以多段线的起点和终点的连线来确定方向矢量,而忽略中间的顶点。方向矢量决定曲面形状的平移方向和长度,平移起点为方向矢量距拾取点最近的端点。

在绘制平移网格之前,必须事先绘制出轮廓曲线及方向矢量。

(1)命令激活方式

功能区:网格→图元→平移曲面

菜单栏:绘图→建模→网格→平移网格

命令行:TABSURF

(2)操作步骤

激活命令后,命令行提示:

当前线框密度:SURFTAB1 = 122

选择用作轮廓曲线的对象:(指定轮廓曲线)

选择用作方向矢量的对象:(指定方向矢量)

完成平移网格的绘制后,为了使三维模型的显示效果更好,可以用消除隐藏线的方式显示,如图 11-5 所示。

轮廓线   方向矢量   平移网格

5. 旋转网格

图 11-5   绘制平移网格

旋转网格是指将一条轮廓曲线绕一条旋转轴旋转一定的角度而构造的回转曲面生成的一种网格,网格的密度取决于系统变量 SURFTAB1 及 SURFTAB2 的当前值。如旋转角达到 360°,则可生成封闭的回转面。

生成旋转网格时,轮廓曲线可以是直线、圆、圆弧、椭圆、椭圆弧、闭合多段线、多边形、闭合样条曲线或圆环。旋转轴可以是直线或开放的二维或三维多段线。

在调用旋转网格命令之前,先要绘制出轮廓曲线及旋转轴。

（1）命令激活方式

功能区:网格→图元→旋转曲面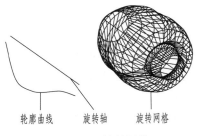

菜单栏:绘图→建模→网格→旋转网格

命令行:REVSURF

（2）操作步骤

激活命令后,命令行提示:

当前线框密度:SURFTAB1 = 30　SURFTAB2 = 20

选择要旋转的对象:(选择轮廓曲线)

选择定义旋转轴的对象:(选择旋转轴)

指定起点角度<0>:(输入开始角度)↙

指定夹角(+ = 逆时针, - = 顺时针)<360>:(输入包含角度)↙

输入角度值是正值表示沿逆时针方向旋转;输入角度值是负值表示沿顺时针方向旋转。

图 11-6　旋转网格

轮廓曲线　　旋转轴　　旋转网格

图 11-6 所示的右侧图形为左侧轮廓曲线绕旋转轴旋转 360°后得到的图形。

11.1.4　三维表面模型的编辑

AutoCAD 的一些二维编辑命令可以直接用于三维对象的编辑，如 ERASE、COPY、MOVE、SCALE 等,另外一些编辑命令可以用于对三维对象进行二维的操作(在当前坐标系的 *XY* 平面内),如 MIRROR、ROTATE、ARRAY 等,还有一些编辑命令根本不能操作三维对象,如 TRIM、EXTEND、OFFSET 等命令。因此,AutoCAD 提供了一些专门用于在三维空间编辑三维对象的编辑命令,主要有 3DMOVE(三维移动)、MIRROR3D(三维镜像)、ROTATE3D(三维旋转)、3DARRAY(三维阵列)和 ALIGN(对齐)五个命令。

1. 三维移动

在三维空间移动三维对象。

（1）命令激活方式

功能区:常用→修改→三维移动 ⌂

菜单栏:修改→三维操作→三维移动

工具栏:建模→ ⌂

命令行:3DMOVE

（2）操作步骤

激活命令后,命令行提示:

选择对象:(选择对象)

选择对象:↙

指定基点或[位移(D)]<位移>:(选定一点)↙

指定第二个点或[使用第一个点作为位移]:(输入第一个点要移动到的位置)↙

2. 三维镜像

创建相对于某一空间平面的镜像对象。

（1）命令激活方式

功能区：常用→修改→三维镜像 ▯▮

菜单栏：修改→三维操作→三维镜像

命令行：MIRROR3D

（2）操作步骤

激活命令后，命令行提示：

选择对象：(选择对象)↙

指定镜像平面(三点)的第一个点或[对象(O)/最近的(L)/Z轴(Z)/视图(V)/XY平面(XY)/YZ平面(YZ)/ZX平面(ZX)/三点(3)]<三点>：

三维镜像命令与二维镜像命令类似。所不同的是完成二维镜像命令需要指定一条镜像线，而完成三维镜像命令需要指定一个镜像平面，这个镜像平面可以是空间的任意平面，AutoCAD为定义镜像平面主要提供了如下几种方式。

1)"三点(3)"：由不在同一条直线上的三点可以确定一个镜像平面，这是定义镜像平面的默认方式。在指定第一点以后，系统会继续提示指定第二点和第三点，以完成操作。

2)"对象(O)"：选择该选项后，系统会继续提示：

选择圆、圆弧或二维多段线线段：

此时，可选择图形中现有的平面对象所在的平面作镜像平面，这些平面对象只能是圆、圆弧或二维多段线。

3)"最近的(L)"：使用上一个镜像操作的镜像平面作为此次镜像操作的镜像平面。

4)"Z轴(Z)"：使用定义平面法线的方式来定义镜像平面。输入"Z"后，系统会提示：

在镜像平面上指定点：(指定第一点)↙

在镜像平面的Z轴(法向)上指定点：(输入第二点)↙

这两点的连线可确定镜像平面的法线(Z轴)，从而可以定义一个通过第一点并与法线垂直的平面。

5)"视图(V)"：定义与当前视图(屏幕)投影面平行的平面作为镜像平面。输入"V"后，系统会提示：

在视图平面上指定点<0,0,0>:(输入需要的点)↙

这样可以定义一个过指定点并与当前视图投影面平行的平面作为镜像平面。这种镜像效果在当前视图观察方向下是看不出来的，在改变视图观察方向后才能观察到。

6)"XY平面(XY)/YZ平面(YZ)/ZX平面(ZX)"：定义一个与当前坐标系的 XY 平面(或 YZ 平面或 ZX 平面)平行的平面作为镜像平面。输入"XY"(或"YZ"或"ZX")后，系统会提示：

指定 XY 平面上的点<0,0,0>:(输入需要的点)↙

这样可以定义一个过指定点并与当前坐标系的 XY 平面(或 YZ 平面或 ZX 平面)平行的平

面作为镜像平面。

在定义了镜像平面后,系统会继续提示:

是否删除源对象?[是(Y)/否(N)]<否>:

如果选择"Y",则删除源对象;如果选择"N",则不删除源对象。最后显示出镜像结果。
图 11-7 说明了三维镜像操作的结果。

三点方式确定镜像平面

以圆所在的平面为镜像平面

图 11-7   三维镜像

3. 三维旋转

相对于某一空间轴旋转对象。

(1)命令激活方式

功能区:常用→修改→三维旋转 ⊕

菜单栏:修改→三维操作→三维旋转

工具栏:建模→⊕

命令行:3DROTATE

(2)操作步骤

激活命令后,命令行提示:

UCS 当前的正角方向:ANGDIR=逆时针 ANGBASE=0

选择对象:(选择对象)↙

选择对象:↙

指定基点:(指定旋转轴基点)↙

拾取旋转轴:(选取旋转轴)↙

指定角的起点或键入角度:(点取角度的起点,也可
键入角度值)↙

正在重生成模型。

图 11-8 说明三维旋转操作的结果。

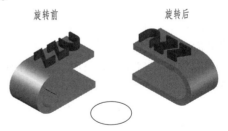

以圆的轴心线为旋转轴旋转 90°

图 11-8   三维旋转

4. 三维阵列

在三维空间中以阵列方式复制对象。

(1)命令激活方式

菜单栏:修改→三维操作→三维阵列

工具栏:建模→

命令行:3DARRAY 或 3A

（2）操作步骤

激活命令后,命令行提示:

选择对象:(选择对象)↙

输入阵列的类型[矩形(R)/ 环形(P)]<矩形>:

1）输入"R",回车,系统会提示:

输入行数(－－－)<1>:(输入行数)↙

输入列数(|||)<1>:(输入列数)↙

输入层数(…)<1>:(输入层数)↙

指定行间距（－－－）:(输入行间距)↙

指定列间距(|||)：(输入列间距)↙

指定层间距(…)：(输入层间距)↙

2）输入"P",回车,系统会提示:

输入阵列中的项目数目:(输入项目数目)↙

指定要填充的角度(＋=逆时针,－= 顺时针)<360>:(输入填充角度)↙

如输入角度值是正数值表示沿逆时针方向旋转,输入角度值是负数值表示沿顺时针方向旋转。

旋转阵列对象?［是(Y)/否(N)]<Y>:(输入"Y"或"N")↙

指定阵列的中心点:(确定中心点)↙

指定阵列轴上的第二点:(确定第二点)↙

三维阵列的原理与二维阵列相同,只是三维阵列在三维空间中进行,因而比二维阵列增加了一些参数。在矩形阵列中,行、列、层的方向分别与当前坐标系的坐标轴方向相同,间距值可以为正值,也可以为负值,分别对应坐标轴的正向和负向。

图 11-9 说明三维阵列操作的结果。

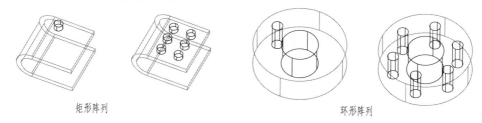

矩形阵列　　　　　　　　　　　　　　　　　环形阵列

图 11-9　三维阵列

5. 三维对齐

在二维平面或三维空间将选定的对象与其他对象对齐。

对齐操作允许在二维平面或三维空间中移动、旋转、缩放对齐的源对象以使其对齐到目标对象。

（1）命令激活方式

功能区：常用→修改→三维对齐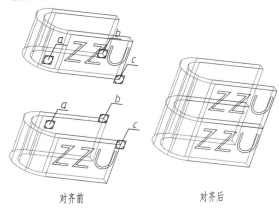

菜单栏：修改→三维操作→三维对齐

工具栏：建模→

命令行：3DALIGN 或 3AL

（2）操作步骤

激活命令后，命令行提示：

选择对象：（选择对象）↙

选择对象：↙

指定源平面和方向…

指定基点或［复制（C）］：（指定第一个源点）↙

指定第二个点或［继续（C）］：（指定第二个源点）↙

指定第三个点或［继续（C）］：（指定第三个源点）↙

指定目标平面和方向…

指定第一个目标点：（指定第一个目标点）↙

指定第二个目标点或［退出（X）］：（指定第二个目标点）↙

指定第三个目标点或［退出（X）］：（指定第三个目标点）↙

对齐对象时，源对象（左上图）的三个选择点应与目标对象（左下图）的三个选择点对应。对齐操作的结果如图 11-10 所示。

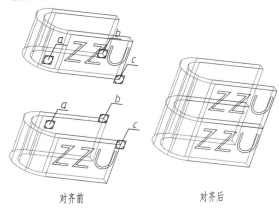

对齐前　　　　　　　　　　对齐后

图 11-10　三维对齐操作

11.2　绘制三维实体

11.2.1　绘制三维基本实体

AutoCAD 2023 提供的三维基本实体有多段体（POLYSOLID）、长方体（BOX）、楔体（WEDGE）、圆锥体（CONE）、球体（SPHERE）、圆柱体（CYLINDER）、圆环体（TORUS）和棱锥体

（PYRAMID）。

1. 绘制多段体

（1）命令激活方式

功能区：实体→图元→多段体🔲

菜单栏：绘图→建模→多段体

工具栏：建模→🔲

命令行：POLYSOLID

（2）操作步骤

激活命令后，命令行提示：

指定起点或［对象（O）/高度（H）/宽度（W）/对正（J）］＜对象＞：

部分选项说明如下。

1）"对象（O）"：将图形对象转换为实体。

2）"高度（H）"：可以设置实体的高度。

3）"宽度（W）"：可以设置实体的宽度。

4）"对正（J）"：可以设置实体的对正方式，如左对正、居中和右对正，默认为居中。

图 11-11　创建多段体

当设置了高度、宽度和对正方式后，可以通过指定点来绘制实体，结果如图 11-11 所示。

2. 绘制长方体

（1）命令激活方式

功能区：实体→图元→长方体🔲

菜单栏：绘图→建模→长方体

工具栏：建模→🔲

命令行：BOX

（2）操作步骤

AutoCAD 提供了以长方体的角点或长方体的中心为基准创建长方体的多种方法。

1）通过指定长方体的角点创建长方体。

激活命令后，命令行提示：

指定第一个角点或［中心（C）］：（指定第一角点）↙

指定其他角点或［立方体（C）/长度（L）］：（输入第二角点）↙

如果该角点的 z 坐标值与第一个角点的 z 坐标值不同，系统将以这两个角点作为长方体的对角点直接创建出长方体，否则系统将提示：

指定高度或［两点（2P）］：（输入高度）↙

执行结果如图 11-12 所示的长方体。

若此时不输入高度而输入一点，则这一点与上一点之间的距离即为长方体的高度。

图 11-12　创建长方体

部分选项说明如下。

① "立方体(C)":用长方体的一个角点及长度创建立方体。

② "长度(L)":用长方体的一个角点及长、宽、高创建长方体。

2）通过指定长方体的中心点创建长方体。

激活命令后,命令行提示:

指定第一个角点或[中心(C)]:C ↙

指定中心:(确定中心)↙

指定角点或[立方体(C)/长度(L)]:(输入角点)↙

指定高度或[两点(2P)]:(输入高度)↙

执行结果如图 11-12 所示的长方体。

部分选项说明如下。

① "立方体(C)":用长方体的中心点及长度创建立方体。

② "长度(L)":用长方体的中心点及长、宽、高创建长方体。

3. 绘制球体

（1）命令激活方式

功能区:实体→图元→球体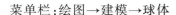

菜单栏:绘图→建模→球体

工具栏:建模→

命令行:SPHERE

（2）操作步骤

激活命令后,命令行提示:

指定中心点或[三点(3P)/两点(2P)/切点、切点、半径(T)]:(指定中心点)↙

指定半径或[直径(D)]:(输入半径或直径值)↙

执行结果如图 11-13 所示的球体。

部分选项说明如下。

① "三点(3P)":用球面上的三点创建球体。

② "两点(2P)":用直径的两个端点创建球体。

③ "切点、切点、半径(T)":用半径和两个与球体具有相切关系的对象   图 11-13   球体
创建球体。

4. 绘制圆柱体

创建圆柱体或椭圆柱体。

（1）命令激活方式

功能区:实体→图元→圆柱体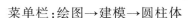

菜单栏:绘图→建模→圆柱体

工具栏:建模→

命令行:CYLINDER

（2）操作步骤

AutoCAD 提供了多种方法来创建圆柱体和椭圆柱体。

1）通过指定底面中心等创建圆柱体。

激活命令后,命令行提示:

指定底面的中心点或[三点(3P)/两点(2P)/切点、切点、半径(T)/椭圆(E)]:(输入底面中心点)↙

各选项说明如下。

①"指定底面的中心点":由中心点和半径或直径确定底面圆。

②"三点(3P)":由圆周上的三点确定底面圆。

③"两点(2P)":由圆直径的两个端点确定底面圆。

④"切点、切点、半径(T)":由半径和与底面圆相切的两个对象确定底面圆。

⑤"椭圆(E)":绘制椭圆柱体。

输入底面中心点后,系统继续提示:

指定底面半径或[直径(D)]:(输入半径值或直径)↙

指定高度或[两点(2P)/轴端点(A)]:(输入高度)↙

执行结果如图 11-13 所示的圆柱体。

其他各选项说明如下。

①"两点(2P)":通过指定两个点确定圆柱的高度创建圆柱体。

②"轴端点(A)":通过指定另一端面的中心(轴端点)创建圆柱体。

2）通过指定底面上椭圆的形状创建椭圆柱体。

激活命令后,命令行提示:

指定底面的中心点或[三点(3P)/两点(2P)/切点、切点、半径(T)/椭圆(E)]:E↙

指定第一个轴的端点或[中心(C)]:(输入一点)↙

第二行提示中的各选项说明如下。

①"指定第一个轴的端点":由第一个轴的两个端点和第二个轴的一个端点确定底面椭圆。

②"中心(C)":由中心点和其到第一个轴的距离以及第二个轴的端点确定底面椭圆。

输入第一个轴的一个端点后,系统继续提示:

指定第一个轴的其他端点:(输入第二点)↙

指定第二轴的端点:(输入一点)↙

指定高度或[两点(2P)/轴端点(A)]:(输入高度)↙

执行结果如图 11-14 所示的椭圆柱体。

其余两个选项的功能同创建圆柱体。

图 11-14　圆柱体与椭圆柱实体

5. 绘制圆锥体

创建一个圆锥体或椭圆锥体。

（1）命令激活方式

功能区:实体→图元→圆锥体

菜单栏:绘图→建模→圆锥体

工具栏:建模→

命令行:CONE

（2）操作步骤

创建圆锥体和椭圆锥体的方法与创建圆柱体和椭圆柱体相似。只是圆锥体和椭圆锥体把最后指定的点作为锥顶。图 11-15是创建的圆锥体与椭圆锥体。

6. 楔体

（1）命令激活方式

功能区:实体→图元→楔体

菜单栏:绘图→建模→楔体

工具栏:建模→

图 11-15　圆锥体与椭圆锥体

命令行:WEDGE

（2）操作步骤

楔形体的创建方法与长方体的比较类似,它相当于把长方体沿体对角线切去一半后得到的实体。具体创建方法可参照 BOX 命令的使用。图 11-16 是创建的楔体。

7. 圆环体

（1）命令激活方式

功能区:实体→图元→圆环体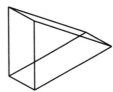

菜单栏:绘图→建模→圆环体

工具栏:建模→

图 11-16　楔体

命令行:TORUS 或 TOR

（2）操作步骤

激活命令后,命令行提示:

指定中心点或[三点(3P)/两点(2P)/切点、切点、半径(T)]:(指定中心点)↙

各选项说明如下。

1）"指定中心点":由中心和半径或直径确定圆环体。

2）"三点(3P)":由母线圆中心轨迹上的三点确定圆环体。

3）"两点(2P)":由母线圆中心轨迹直径的两个端点确定圆环体。

4）"切点、切点、半径(T)":由半径和与母线圆中心轨迹相切的两个对象确定圆环体。

输入中心点后,系统继续提示:

指定半径或[直径(D)]:(输入半径值)↙

指定圆管半径或[两点(2P)/直径(D)]:(输入圆管半径值)↙

执行结果如图 11-17 所示的圆环体。

如果圆管半径大于圆环半径,则圆环体无中心孔,就像一个两极凹陷的球体,如图 11-18a 所示;如果圆环半径为负值,圆管半径绝对值必须大于圆环半径绝对值,此时将生成一个类似橄榄球的实体,如图 11-18b 所示。

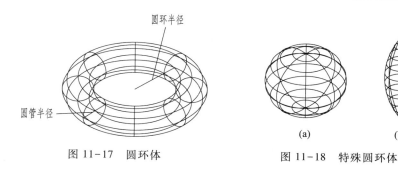

图 11-17　圆环体　　　　图 11-18　特殊圆环体

8. 棱锥体

（1）命令激活方式

功能区:实体→图元→棱锥体△

菜单栏:绘图→建模→棱锥体

工具栏:建模→△

命令行:PYRAMID

（2）操作步骤

激活命令后,命令行提示:

指定底面的中心点或[边(E)/侧面(S)]:(指定棱锥体底面的中心点)↙

指定底面半径或[内接(I)]:(指定底面的半径值)↙

指定高度或[两点(2P)/轴端点(A)/顶面半径(T)]:(指定棱锥体高度)↙

部分选项说明如下。

1）"边(E)":指定底面一边的起点。

2）"侧面(S)":指定棱锥侧面的个数。

3）"指定底面半径":指定底面内切圆半径。

4）"内接(I)":指定底面外接圆半径。

5）"指定高度":指定棱锥的高。

6）"两点(2P)":指定两点之间的距离作为棱锥的高。

7）"轴端点(A)":指定棱锥顶点。

图 11-19　棱锥体

8）"顶面半径(T)":指定棱台另一个底面的外切圆半径。

执行结果如图 11-19 所示的棱锥体。

11.2.2　由二维对象创建三维实体

利用基本实体创建三维实体方便、简单,但是生成的实体模型种类却有限。AutoCAD 2023 可以通过对二维对象进行拉伸或旋转操作生成更为复杂多样的三维实体。

1. 绘制面域

面域是使用形成闭合环的对象创建的二维闭合区域。

（1）命令激活方式

功能区:常用→绘图→面域◎

菜单栏:绘图→面域

工具栏:绘图→⬚

命令行:REGION 或 REG

（2）操作步骤

激活命令后,命令行提示:

选择对象:(可选择多个对象)↙

　　组成面域的环可以是直线、多段线、圆、圆弧、椭圆、椭圆弧和样条曲线的组合。组成环的对象必须闭合或通过与其他对象共享端点而形成闭合的区域。也可以使用边界创建面域,可以对面域进行布尔运算,创建新的对象。

　　2. 拉伸二维对象创建实体

　　拉伸是指为二维对象添加厚度,创建三维实体。可以按指定高度或沿指定路径拉伸对象。

　　（1）命令激活方式

功能区:常用→建模→拉伸⬚

菜单栏:绘图→建模→拉伸

工具栏:建模→⬚

命令行:EXTRUDE 或 EXT

　　（2）操作步骤

有两种方法可以实现对二维对象的拉伸。

1）按指定高度拉伸。

激活命令后,命令行提示:

当前线框密度:ISOLINES＝4,闭合轮廓创建模式＝实体

选择要拉伸的对象或[模式(MO)]:(可选择多个)↙

选择要拉伸的对象或[模式(MO)]:↙

指定拉伸的高度或[方向(D)/路径(P)/倾斜角(T)/表达式(E)]:(输入高度)↙

选项说明如下。

　　①"模式(MO)":选择闭合轮廓的创建模式,有实体和曲面两种。

　　②"指定拉伸的高度":沿当前 Z 轴拉伸。正值为正向拉伸,负值为负向拉伸。

　　③"方向(D)":由指定的两点确定拉伸方向。

　　④"路径(P)":沿选定的路径拉伸。

　　⑤"倾斜角(T)":设置侧面的倾斜角度。

　　⑥"表达式(E)":根据表达式的值决定拉伸高度。

　　可以拉伸多段线、多边形(多边形命令形成的)、圆、椭圆、样条曲线、两个同心圆和面域。拉伸的对象必须是封闭的。不能拉伸包含在块中的对象,也不能拉伸具有相交或自相交线段的对象。如果要拉伸由直线或弧创建的对象,在使用 EXTRUDE 命令前先用 PEDIT 命令把它们转换成多段线。多段线包含的顶点数不能少于 3 个,不能多于 500 个。

　　AutoCAD 2023 允许在拉伸时加入一个值在−90°和90°之间的倾斜角度。正角度表示向内倾斜,负角度则表示向外倾斜。默认倾斜角度为 0°。如果倾斜角度不合适,使得在没有到达指定

高度之前有相交发生,则不能生成对象。对圆弧进行带有倾斜角度的拉伸时,圆弧的半径会改变。此外样条曲线的倾斜角度只能为0°。

图 11-20 为倾斜角度为 0°、15°、−10°的拉伸结果。

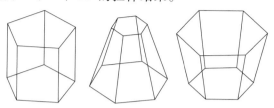

(a)倾斜角度为0°　　(b)倾斜角度为15°　　(c)倾斜角度为-10°

图 11-20　按高度拉伸二维对象

2）沿指定路径拉伸。

激活命令后,命令行提示:

当前线框密度:ISOLINES=4,闭合轮廓创建模式=实体

选择要拉伸的对象或[模式(MO)]:(可选择多个)

选择要拉伸的对象或[模式(MO)]:↙

指定拉伸的高度或[方向(D)/路径(P)/倾斜角(T)/表达式(E)]:P↙

选择拉伸路径或[倾斜角(T)]:(选择路径)↙

该选项允许选择一个对象作为拉伸路径。拉伸对象沿路径运动形成实体。这个路径可以是直线、圆、圆弧、椭圆、椭圆弧、多段线和样条曲线等。

路径不能与要拉伸的对象在同一个平面内,但路径应该有一个端点在拉伸对象所在的平面上,否则系统将按照路径端点在对象中心生成实体。

如果路径是样条曲线,那么路径的一个端点应垂直于拉伸对象所在的平面。否则,系统将旋转拉伸对象以使其与样条曲线的端点垂直。如果样条曲线的一个端点在拉伸对象所在的平面上,那么系统默认绕该点旋转对象,否则样条曲线路径将移动到拉伸对象的中心处,然后绕中心旋转拉伸对象。图 11-21 为沿圆弧路径拉伸对象得到的三维实体。

拉伸对象　　拉伸路径　　拉伸实体

图 11-21　沿路径拉伸

如果路径是封闭的,拉伸对象所在平面应该垂直该路径所在平面。否则系统旋转拉伸对象使它垂直路径平面。

3. 旋转二维对象创建实体

通过绕一个轴旋转二维对象来创建三维实体。

（1）命令激活方式

功能区:常用→建模→旋转 🔘

菜单栏:绘图→建模→旋转

工具栏:建模→ 🔘

命令行:REVOLVE 或 REV

（2）操作步骤

激活命令后,命令行提示:

当前线框密度:ISOLINES＝4,闭合轮廓创建模式＝实体

选择要旋转的对象或[模式(MO)]:(可选择多个)

选择要旋转的对象或[模式(MO)]:↙

指定轴起点或根据以下选项之一定义轴[对象(O)/X /Y/Z])<对象>:

最后一行提示中各选项说明如下。

1)"指定轴起点":这个选项以指定的两点的连线为旋转轴。指定轴起点后命令行提示"指定轴端点:",再指定旋转轴的第二个点,轴的正方向从第一个点指向第二个点。

2)"对象(O)":选择已有的直线或非闭合多段线定义轴。如果选择的是多段线,则轴为多段线两端点的连线。轴的正方向是从这条直线上距选择点较近的端点指向较远的端点。

3)"X":使用当前 UCS 的 X 轴作为旋转轴,X 轴正向作为旋转轴的正方向。

4)"Y":使用当前 UCS 的 Y 轴作为旋转轴,Y 轴正向作为旋转轴的正方向。

5)"Z":使用当前 UCS 的 Z 轴作为旋转轴,Z 轴正向作为旋转轴的正方向。

如果旋转对象不在 XY 平面上,AutoCAD 将把 X、Y 轴向被旋转对象所在平面投射,并把投影作为旋转轴。指定好旋转轴之后,系统继续提示:

指定旋转角度或[起始角度(ST)/反转(R)/表达式(EX)]<360>:(输入旋转角度)↙

其他选项说明如下。

1)"起始角度(ST)":先定义某一角度作为旋转起始位置。

2)"反转(R)":默认旋转以右手定则为正方向,反转方向为其逆方向。

3)"表达式(EX)":根据表达式的值决定旋转角度。

旋转时根据右手定则判定旋转的正方向。任何一封闭的多段线、多边形、圆、椭圆、样条曲线、两个同心圆和面域都可以作为旋转对象。但是不能旋转包含在块中的对象,也不能旋转具有相交或自相交线段的对象。图 11-22 是将二维对象旋转 270°的结果。

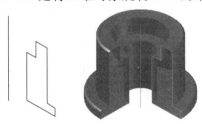

旋转对象及旋转轴　　　　旋转实体

图 11-22　将二维对象旋转 270°的结果

4. 扫掠

通过按指定路径扫掠来创建网格或三维实体。如果扫掠对象是封闭的,则扫掠后得到三维实体,否则得到网格面。

（1）命令激活方式

功能区:常用→建模→扫掠🔲

菜单栏:绘图→建模→扫掠

工具栏:建模→🔲

命令行:SWEEP

（2）操作步骤

激活命令后,命令行提示:

当前线框密度:ISOLINES＝4,闭合轮廓创建模式＝实体

选择要扫掠的对象或[模式(MO)]:(选择圆,如图11-23所示)↙

选择要扫掠的对象或[模式(MO)]:↙

选择扫掠路径或[对齐(A)/基点(B)/比例(S)/扭曲(T)]:

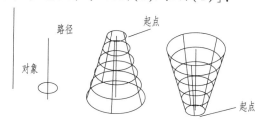

图11-23　通过扫掠绘制实体

最后一行提示中各选项说明如下。

1)"选择扫掠路径":选择此选项后,按选择的路径进行扫掠。

2)"对齐(A)":用于设置扫掠前是否对齐垂直于路径的扫掠对象。

3)"基点(B)":用于设置扫掠的起点,即扫掠对象从该点开始扫掠。

4)"比例(S)":用于设置扫掠对象从扫掠起点到扫掠终点的放大比例。

5)"扭曲(T)":用于设置扭曲角度(扫掠终点的扫掠对象相对于扫掠起点绕扫掠路径的旋转角度)或允许非平面扫掠路径倾斜。

输入"S"回车,系统继续提示:

输入比例因子或[参照(R)/表达式(E)]<1.0000>:2↙

选择扫掠路径或[对齐(A)/基点(B)/比例(S)/扭曲(T)]:(选择扫掠路径)

扫掠之前要先绘制扫掠对象和扫掠路径,并且扫掠效果与单击扫掠路径的位置有关。

如图11-23所示,右边两个图形分别为单击扫掠路径的下方和上方的效果。

5. 放样

将二维图形放样成三维实体。

（1）命令激活方式

功能区:常用→建模→放样🔲

菜单栏:绘图→建模→放样

工具栏:建模→🔲

命令行:LOFT

（2）操作步骤

激活命令后，命令行提示：

按放样次序选择横截面或［点（PO）/合并多条边（J）/模式（MO）］：（顺次选择两个以上的截面）↙

输入选项［导向（G）/路径（P）/仅横截面（C）/设置（S）］<仅横截面>：

第二行提示中的选项说明如下。

1）"导向（G）"：用于使用导向曲线控制放样，每条导向曲线必须与每一个截面相交，并且起始于第一个截面，终于最后一个截面。

2）"路径（P）"：用于使用一条简单的路径控制放样，该路径必须与全部或部分截面相交。

3）"仅横截面（C）"：用于只使用横截面放样。放样结果如图 11-24 所示。

4）"设置（S）"：选择此选项后回车，将打开"放样设置"对话框，可以设置放样横截面上的曲面选项，如图 11-25 所示。

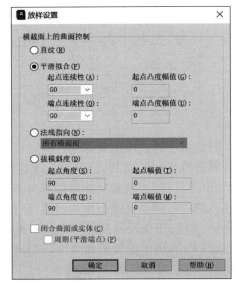

图 11-24 使用横截面得到的放样图形 图 11-25 "放样设置"对话框

11.3 实体编辑

在三维建模工作空间中除了可以利用三维移动、三维旋转、三维阵列、对齐、三维镜像对实体进行操作，还可以进行倒角、圆角、切割、分解操作修改模型，同时也可以编辑实体模型的面、边和体。另外，还可以在实体之间进行布尔运算（并集、差集、交集），生成复杂三维实体。能够进行布尔运算也是实体模型区别于表面模型的一个重要因素。

11.3.1 实体的布尔运算

1. 并集运算

并集运算是指把两个或两个以上的三维实体合并为一个三维实体。

（1）命令激活方式

功能区：常用→实体编辑→实体，并集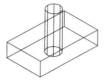

菜单栏：修改→实体编辑→并集

工具栏：实体编辑→

命令行：UNION 或 UNI

（2）操作步骤

激活命令后，命令行提示：

选择对象：（可选择多个）

选择对象：↙

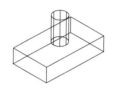

UNION 命令可以完成实体之间的组合。所选择的实体之间可以相交，也可以不相交。重新组合的实体由选择的所有实体组成。所以，新生成实体的体积等于或小于原来各实体对象的体积之和，如图 11-26 所示。

图 11-26 并集运算

2. 差集运算

差集运算是指从一组实体中减去另一组实体。

（1）命令激活方式

功能区：常用→实体编辑→实体，差集

菜单栏：修改→实体编辑→差集

工具栏：实体编辑→

命令行：SUBTRACT 或 SU

（2）操作步骤

激活命令后，命令行提示：

选择要从中减去的实体、曲面和面域…

选择对象：（选择对象）

选择对象：↙

选择要减去的实体或面域…

选择要减去的对象：（选择对象）

选择要减去的对象：↙

如果选择的被减对象的数目多于一个，系统在进行 SUBTRACT 命令前会自动运行 UNION 命令先将它们合并。同样，AutoCAD 也会对多个减去对象进行合并。

使用 SUBTRACT 命令，从选择第一组实体对象中减去与第二组实体对象的重合部分。同时第二组对象也一起被删除。如果两者之间没有交集，则只删除第二组对象。选择时如果颠倒了选择的先后顺序会有不同的结果。

图 11-27 为长方体和圆柱体的差集运算。中间图形与右侧图形是不同选择顺序生成的不同结果。

3. 交集运算

交集运算是指用两个或两个以上实体的公共部分创建复合实体。

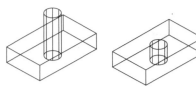

图 11-27　差集运算

（1）命令激活方式

功能区：常用→实体编辑→实体，交集

菜单栏：修改→实体编辑→交集

工具栏：实体编辑→

命令行：INTERSECT 或 IN

（2）操作步骤

激活命令后，命令行提示：

选择对象：（选择对象）

选择对象：↙

参加交集运算的多个实体之间必须有公共部分。对于两个
不相交的图形，求交集会得到空集。图 11-28 显示了长方体和圆
柱体交集运算的结果。

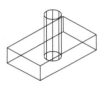

实体对象进行了布尔运算后不再保留原来各对象。只能进
行 UNDO 命令恢复运算前的实体形状。因此，可以在进行布尔运
算之前把原实体复制或做成块保留起来。

图 11-28　交集运算

11.3.2　对实体倒角和圆角

1. 倒角

CHAMFER 命令可以对实体的边进行倒角。这个命令除可对二维对象进行操作外，还可以
对三维实体进行操作，这里介绍该命令对三维实体的操作。

（1）命令激活方式

功能区：常用→修改→倒角

菜单栏：修改→倒角

工具栏：修改→

命令行：CHAMFER

（2）操作步骤

激活命令后，命令行提示：

（"修剪"模式）当前倒角距离 1 = 0.0000，距离 2 = 0.0000

选择第一条直线或［放弃（U）/多段线（P）/距离（D）/角度（A）/修剪（T）/方式（E）/多个
（M）］：（选择要倒角面内的一条线）

基面选择…

输入曲面选择选项[下一个(N)/当前(OK)]<当前>:✓(亮显的面为要倒角的面)或 N✓(亮显的面为不要倒角的面)

指定基面倒角距离或[表达式(E)]:(输入倒角值)✓

指定其他曲面倒角距离或[表达式(E)]<5.0000>:(输入倒角值)✓

选择边或[环(L)]:(选择要倒角的边)

这里的基面可以是平面也可以是曲面。选择了第一条边时,AutoCAD 将默认基面加亮显示。只能在基面上选择要倒角的边。

2.圆角

FILLET 命令也可以对实体进行倒圆角。

(1)命令激活方式

功能区:常用→修改→圆角

菜单栏:修改→圆角

工具栏:修改→

命令行:FILLET

(2)操作步骤

激活命令后,命令行提示:

当前设置:模式=修剪,半径=0.0000

选择第一个对象或[放弃(U)/多段线(P)/半径(R)/修剪(T)/多个(M)]:(选择要倒圆的边)

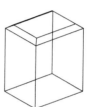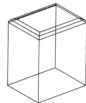

图 11-29 倒角和倒圆角

输入圆角半径或[表达式(E)]:(输入半径)✓

选择边或[链(C)/环(L)/半径(R)]:(选择要倒圆的边)

图 11-29 是对一个长方体倒角(左图)和倒圆角(右图)的结果。

11.3.3 剖切实体

在三维建模工作空间中可沿某平面把实体一分为二,保留被剖切实体的一半或全部并生成新实体。

1.命令激活方式

功能区:常用→实体编辑→剖切

菜单栏:修改→三维操作→剖切

命令行:SLICE 或 SL

2.操作步骤

激活命令后,命令行提示:

选择要剖切的对象:(选择对象)

选择要剖切的对象:✓

指定切面的起点或[平面对象(O)/曲面(S)/z轴(Z)/视图(V)/xy(XY)/yz(YZ)/zx(ZX)/三点(3)]<三点>:

最后一行提示中各选项说明如下。

1)"指定切面的起点":由不同 x、y 坐标值的两点定义与 Z 轴平行的切面。

2)"平面对象(O)":以圆、椭圆、二维样条曲线或二维多段线等对象所在的平面为切面。

3)"曲面(S)":以曲面为切面。

4)"z 轴(Z)":通过指定两点定义切平面的法线。其中第一点属于切平面。

5)"视图(V)":通过一个指定点并且平行当前视口的平面。

6)"xy(XY)""yz(YZ)""zx(ZX)":切面通过一个指定点并分别平行当前 UCS 的 XY 平面或 YZ 平面或 ZX 平面。

7)"三点(3)":用三点确定剖切平面的位置。

定义了切面后,系统继续提示:

在所需的侧面上指定点或[保留两个侧面(B)]<保留两个侧面>:

选择一点得到单侧图形,输入"B"并回车,则保留两侧图形。

SLICE 命令在修改实体时非常有用。可以用剖切的方法对基本体进行编辑,从而产生新的实体。图 11-30 所示为一个长方体(左图)被剖切后的实体(右图)。

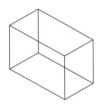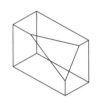

图 11-30 剖切长方体

11.3.4 分解实体

可利用分解命令将实体分解为一系列面域和主体。其中,实体中的平面被转换为面域,曲面被转换为主体。还可以继续使用该命令,将面域和主体分解为它们的基本元素,如直线、圆及圆弧等。

1. 命令激活方式

功能区:常用→修改→分解 ▢

菜单栏:修改→分解

工具栏:修改→ ▢

命令行:EXPLODE

2. 操作步骤

激活命令后,命令行提示:

选择对象:(选择对象)

选择对象:↙

图 11-31 所示为一个圆锥体被分解的情况。

(a)分解前   (b)分解后   (c)移圆锥面

图 11-31 分解实体

11.3.5 编辑实体的面和边

使用实体编辑命令可以对实体表面、边界、体进行编辑。常用的编辑命令如图 11-32 所示。

1. 编辑实体表面

(1)命令激活方式

功能区:常用→实体编辑→ ▣ ▾ 下拉列表

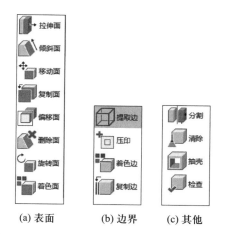

(a) 表面　　　(b) 边界　　　(c) 其他

图 11-32　实体表面、边界和其他的编辑工具栏

菜单栏：修改→实体编辑

工具栏：实体编辑

命令行：SOLIDEDIT

（2）操作步骤

激活命令后，命令行提示：

实体编辑自动检查：SOLIDCHECK = 1

输入实体编辑选项［面（F）/边（E）/体（B）/放弃（U）/退出（X）］<退出>：F↙

输入面编辑选项［拉伸（E）/移动（M）/旋转（R）/偏移（O）/倾斜（T）/删除（D）/复制（C）/颜色（L）/材质（A）/放弃（U）/退出（X）］<退出>：

部分选项说明如下。

1）"拉伸（E）"：沿指定高度或路径拉伸实体表面。

2）"移动（M）"：利用这个命令可以移动实体表面，尤其是可以方便地移动实体上的孔。

3）"旋转（R）"：绕指定的轴旋转一个或多个面或实体的某些部分，当旋转孔时，如果旋转轴或旋转角度选取不当，就会导致孔旋转出实体范围。

4）"偏移（O）"：按指定的距离或通过指定的点均匀地偏移面。若为正值，则增大实体尺寸或体积，若为负值，则减小实体尺寸或体积。

5）"倾斜（T）"：按角度倾斜面，角度的正方向由右手定则决定。大拇指指向为从基点指向第二点。

6）"删除（D）"：删除面，该命令可以删除实体上的圆角和倒角。

7）"复制（C）"：可以复制实体表面，如果选择了实体的全部表面则产生一个曲面模型。

8）"颜色（L）"：修改面的颜色。

9）"材质（A）"：修改面的材质。

图 11-33 是使用表面编辑命令的例子。

2．编辑实体边界

（1）命令激活方式

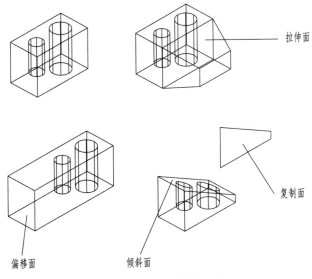

图 11-33　编辑实体表面

功能区:常用→实体编辑→⌐⃗ - 下拉列表

菜单栏:修改→实体编辑

工具栏:实体编辑

命令行:SOLIDEDIT

(2)操作步骤

以着色边命令为例,激活命令后,命令行提示:

实体编辑自动检查:SOLIDCHECK=1

输入实体编辑选项[面(F)/边(E)/体(B)/放弃(U)/退出(X)]<退出>: E↙

输入边编辑选项[复制(C)/着色(L)/放弃(U)/ 退出(X)] <退出>:L↙

选择边或[放弃(U)/删除(R)]:(选择某实体的一边)

选择边或[放弃(U)/删除(R)]:↙(弹出"选择颜色"对话框,从中选择需要的颜色,单击"确定"按钮)

部分选项说明如下。

1)"复制(C)":复制三维边,所有三维实体的边可被复制为直线、圆弧、椭圆或样条曲线。使用边界复制可以从一个实体模型中产生它的线框模型。

2)"着色(L)":修改边的颜色。可以为每条边指定不同的颜色。

11.3.6　实体其他编辑方法

编辑整个实体对象,包括在实体上压印其他几何图形,将实体分割为独立实体对象,抽壳、清除或检查选定的实体。

1.命令激活方式

菜单栏:修改→实体编辑

工具栏:实体编辑

命令行:SOLIDEDIT

2. 操作步骤

激活命令后,命令行提示:

实体编辑自动检查:SOLIDCHECK = 1

输入实体编辑选项[面(F)/边(E)/体(B)/放弃(U)/退出(X)]<退出>:B↙

输入体编辑选项[压印(I)/实体分割(P)/抽壳(S)/清除(L)/检查(C)/放弃(U)/退出(X)]<退出>:

部分选项说明如下。

1)"压印(I)":在选定的 3D 对象表面上留下另一个对象的痕迹,为了使压印操作成功,被压印的对象必须与选定对象的一个或多个面相交,被压印对象可以是圆弧、圆、直线、二维和三维多段线、椭圆、样条曲线、面域、体及三维实体。

2)"实体分割(P)":用不相连的体将一个三维实体对象分割为几个独立的三维实体对象。

3)"抽壳(S)":创建一个等壁厚的壳体或薄壳零件,操作时可通过指定移出面选择壳的开口,但不能移出所有的面。如果输入的壳厚度为负值,则沿现有实体向外按壳厚生成实体,若为正值,则向内生成。

4)"清除(L)":删除所有多余的边和顶点、压印以及不使用的几何图形。

5)"检查(C)":校验三维实体对象是否为有效的实体,如果三维实体无效,则不能编辑对象。

图 11-34 为压印和抽壳示意图。

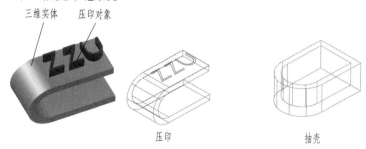

图 11-34　压印和抽壳示意图

11.4　控制实体显示的系统变量

影响实体显示的变量有三个。ISOLINES 控制显示线框弯曲部分的素线数量。FACETRES 系统变量调整着色和消隐对象的平滑程度。DISPSILH 系统变量控制线框模式下实体对象轮廓曲线的显示以及实体对象隐藏时是否绘制网格。

1. ISOLINES 系统变量

ISOLINES 系统变量是一个整数型变量。它指定实体对象上每个曲面上轮廓素线的数目。它的有效取值范围为 0~2 047。默认值是 4。它的值越大,线框弯曲部分的素线数目就越多。曲面的过渡就越光滑,也就越有立体感。但是增加 ISOLINES 的值,会使显示速度降低。图 11-35 是 ISOLINES = 4 和 ISOLINES = 16 时圆柱体显示的不同结果。

2. FACETRES 系统变量

FACETRES 控制曲线实体着色和渲染的平滑度。该变量是一个实数型的系统变量。FACE-TRES 的默认值是 0.5。它的有效范围为 0.01~10。当进行消隐、着色或渲染时,该变量就会起作用。该变量的值越大,曲面表面会越光滑,显示速度越慢,渲染时间也越长。图 11-36 显示了改变 FACETRES 系统变量对实体显示的影响。

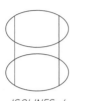

图 11-35   改变 ISOLINES 变量
对实体显示的影响

图 11-36   改变 FACETRES 变量
对实体显示的影响

3. DISPSILH 系统变量

DISPSILH 系统变量控制线框模式下实体对象轮廓曲线的显示以及实体对象隐藏时是否绘制网格。该变量是一个整数,有 0、1 两个值,0 代表关,1 代表开。默认设置是 0。当该变量打开(设置它的值为 1)时,使用 HIDE 命令消隐图形,将只显示对象的轮廓边。当改变这个选项后,必须更新视图显示。图 11-37 为改变 DISPSILH 变量对实体显示的影响。该变量值还会影响 FACETRES 变量的显示。如果要改变 FACETRES 值得到比较光滑的曲面效果,必须把 DISPSILH 的值设为 0。

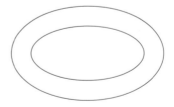

图 11-37   改变 DISPSILH 变量对实体显示的影响

这三个变量也可以在如图 11-38 所示的"选项"对话框的"显示"选项卡中更改。"渲染对象的平滑度"文本框中的数值控制 FACETRES 变量,"每个曲面的轮廓素线"文本框中的数值控制 ISOLINES 变量,"绘制实体和曲面的真实轮廓"复选框可控制 DISPSILH 变量。

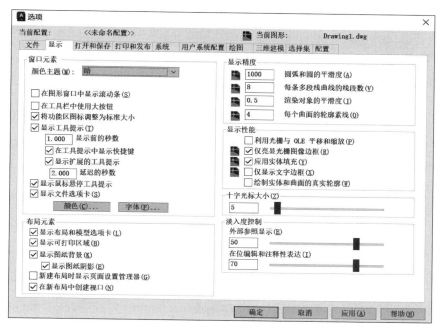

图 11-38 "选项"对话框—"显示"选项卡

11.5 体素拼合法绘制三维实体

大多数物体都可以看作是由棱柱体、棱锥体、圆柱体、圆锥体等这些基本立体组合而成。体素拼合法绘制三维实体,就是首先创建构成物体的一些基本立体,再通过布尔运算进行叠加或挖切,得到最终的实体,用体素拼合法创建实体简单、快捷,有较强的实用性。

例 11-3 利用体素拼合的方法,绘制如图 11-39 的实体模型。

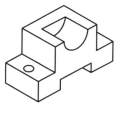

图 11-39 三维实体

例 11-3 的
操作过程

步骤如下:

1)绘制实体的主、俯视图,如图 11-40a 所示。

2)通过形体分析,从图 11-40a 中分解出组成实体的各体素的平面图形,并用 COPY 命令把它复制出来,如图 11-40b 所示。

3)使用 PEDIT 命令把各体素的轮廓线编辑成二维多段线或面域。

4）使用 EXTRUDE 命令,对应图 11-40a 的投影图,拉伸出基本立体的三维实体,如图 11-40c 所示。

5）使用 3DROTATE 和 3DMOVE 命令将各基本立体的相对位置关系进行配置。

6）用布尔运算的方法从中间的主要形体中减去下方的两个小圆柱体、上面的一个半圆柱体,得到如图 11-40d 所示的三维实体。

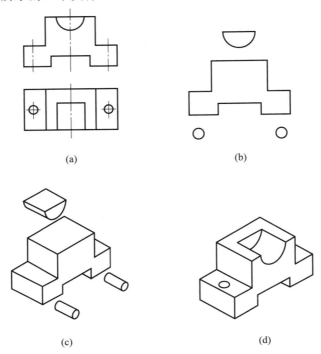

(a)　　　　　　　　(b)

(c)　　　　　　　　(d)

图 11-40　体素拼合法绘制三维实体

11.6　标注三维对象的尺寸

第 8 章介绍的尺寸标注命令不仅可以标注二维对象的尺寸,还可以标注三维对象的尺寸。由于 AutoCAD 所有的尺寸标注都只能在当前坐标系的 XY 平面内进行,因此为了标注三维对象中各部分的尺寸,需要不断地变换坐标系。

例 11-4　标注如图 11-41 所示图形的尺寸。

1）激活图层命令,打开"图层特性管理器"对话框,将"08 尺寸线"图层设置为当前图层。

2）在命令行输入"DISPSILH"回车,将该变量设为 1,然后在功能区"常用"→"视图"面板上选择"隐藏",消隐图形,结果如图 11-42 所示。

3）执行原点命令(单击功能区"常用"→"坐标"面板上的"原点"图标按钮),将坐标原点移到半圆孔的圆心位置。执行线性标注命令(单击功能区"注释"→

例 11-4 的
操作过程

"标注"面板上的"线性"图标按钮),标注线性尺寸189、454、52、108、249;执行半径标注命令(单击功能区"注释"→"标注"面板上的"半径"图标按钮),标注半圆孔的半径 *R*72。如图 11-43 所示。

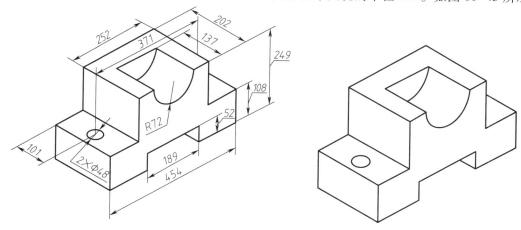

图 11-41　标注图形尺寸　　　　　　　图 11-42　以线框消隐形式显示模型

4)执行 X 命令(单击功能区"常用"→"坐标"面板上的"X"图标按钮),将坐标系绕 X 轴旋转-90°,执行 Z 命令(单击功能区"注释"→"标注"面板上的"Z"图标按钮),将坐标系再绕 Z 轴旋转-90°。执行线性标注命令,标注线性尺寸 252、137 及 202。结果如图 11-44 所示。

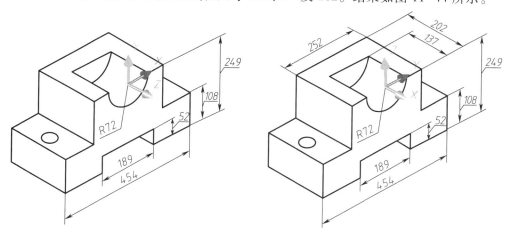

图 11-43　标注线性尺寸和半径尺寸　　　　　　图 11-44　标注线性尺寸

5)执行原点命令,将坐标系原点移到小圆孔的圆心位置。执行线性标注命令,标注线性尺寸101;执行直径标注命令(单击功能区"注释"→"标注"面板上的"直径"图标按钮),标注小圆孔的直径 2×φ48。执行 Y 命令(单击功能区"注释"→"标注"面板上的"Y"图标按钮),将坐标系绕 Y 轴旋转 90°。执行线性标注命令,标注线性尺寸 371。关闭坐标系图标,结果如图 11-41 所示。

11.7　视觉样式与渲染

用户既可以使用视觉样式观察对象,又可以使用渲染功能对对象进行渲染。

11.7.1   视觉样式

1. 命令激活方式

功能区：视图→选项板→视觉样式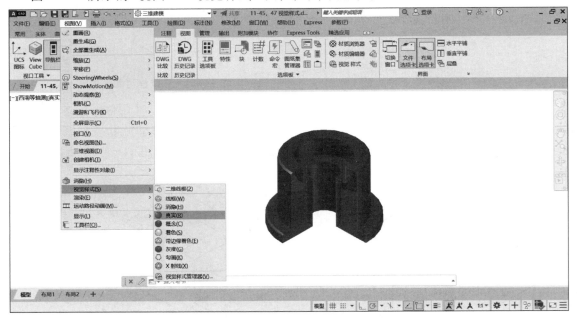

菜单栏：视图→视觉样式

工具栏：视觉样式→

命令行：VISUALSTYLES

2. 操作步骤

图 11-45 所示的"视图"→"视觉样式"子菜单中，常用菜单项的功能如下。

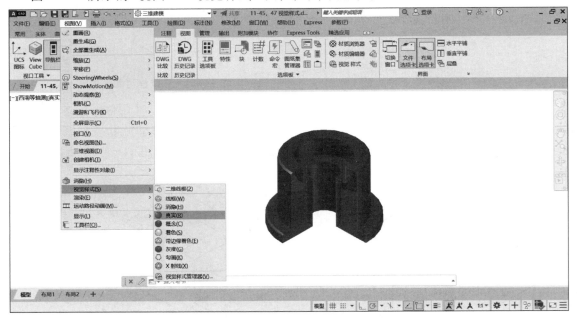

图 11-45   "视图"→"视觉样式"子菜单

1）"二维线框"：显示用直线和曲线表示边界的对象。光栅和 OLE 对象、线型和线宽都是可见的。即使系统变量 COMPASS 设为开，在二维线框视图中也不显示坐标球。

2）"线框"：将三维图形以线框模式显示。

3）"消隐"：显示用三维线框表示的对象，同时消隐表示后面的线。该菜单项与"视图"→"消隐"菜单项效果相似。

4）"真实"：该选项实现对象真实着色。

5）"概念"：该选项不仅对各面着色，而且对图形的边界作光滑处理。

6）"视觉样式管理器"：选择此选项，打开"视觉样式管理器"选项板，可以对视觉样式进行管理，如图 11-46 所示。

图 11-47 给出了几种常用视觉样式的显示效果。

在"视觉样式管理器"选项板上的"图形中的可用视觉样式"列表框中，显示了当前图形中的

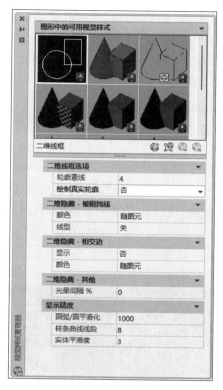

图 11-46 "视觉样式管理器"选项板

可用视觉样式。当选中某一视觉样式后,单击"将选定的视觉样式应用于当前视口"图标按钮 ,可以将该样式应用到视口;单击"将选定的视觉样式输出到工具选项板"图标按钮 ,可以将该样式添加到工具选项板。

在"视觉样式管理器"选项板的参数选项区中,可以设置选定样式的面设置、环境设置、边设置等参数。也可以单击"创建新的视觉样式"图标按钮 ,创建新的视觉样式并在参数选项区设置其相关参数。

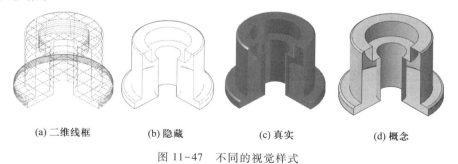

(a) 二维线框　　　(b) 隐藏　　　(c) 真实　　　(d) 概念

图 11-47 不同的视觉样式

11.7.2 渲染

渲染后的图形比简单的消隐或着色图像更加清晰。使用菜单栏"视图"→"视觉样式"子菜单中的菜单项为对象应用视觉样式时,并不能执行产生亮显、移动光源或添加光源的操作。要更全面地控制光源,必须使用渲染。

1. 命令激活方式

功能区:可视化→渲染→渲染到尺寸

菜单栏:视图→渲染→高级渲染设置→渲染

工具栏:渲染→高级渲染设置→渲染

命令行:RENDER

2. 在渲染窗口中快速渲染对象

在 AutoCAD 中,选择菜单栏"视图"→"渲染"→"高级渲染设置"菜单项,打开"渲染预设管理器"选项板,单击"渲染"图标按钮,可以在打开的渲染窗口中快速渲染当前视口中的图形,如图 11-48 所示。

图 11-48　渲染图形

渲染窗口中显示了当前视图中图形的渲染效果。在其下面的文件列表中,显示了当前渲染图像的文件名称、大小、渲染时间等信息。可以在某一渲染图形下面的文件列表中一个文件上点击鼠标右键,弹出快捷菜单,可以选择"保存""从列表中删除"等菜单项来进行文件保存或清理渲染图像等操作,如图 11-49 所示。

3.设置光源

在渲染过程中,光源的应用非常重要,它由强度和颜色两个因素决定。在 AutoCAD 中,不仅可以使用自然光(环境光),也可以使用点光源、平行光源及聚光灯光源,以照亮物体的特殊区域。

可以利用菜单栏"视图"→"渲染"→"光源"子菜单(图 11-50)中的菜单项创建和管理光源。

(1)创建光源

选择菜单栏"视图"→"渲染"→"光源"→"新建点光源""新建聚光灯""新建平行光"菜单项,可以分别创建点光源、聚光灯和平行光。

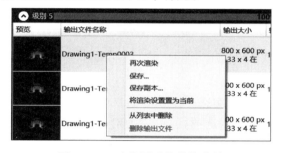

图 11-49　渲染图形的快捷菜单　　　　图 11-50　"光源"子菜单

1)"新建点光源"菜单项:当指定了光源位置后,还可以设置光源的名称、强度、状态、阴影、衰减、颜色等选项,此时命令行显示如下提示信息:

输入要更改的选项[名称(N)/强度因子(I)/状态(S)/光度(P)/阴影(W)/衰减(A)/过滤颜色(C)/退出(X)]<退出>:

2)"新建聚光灯"菜单项:当指定了光源位置和目标位置后,还可以设置光源的名称、强度、状态、聚光角、照射角、阴影、衰减、颜色等选项,此时命令行显示如下提示信息:

输入要更改的选项[名称(N)/强度因子(I)/状态(S)/光度(P)/聚光角(H)/照射角(F)/阴影(W)/衰减(A)/过滤颜色(C)/退出(X)]<退出>:

3)"新建平行光"菜单项:当指定了光源的矢量方向后,还可以设置光源的名称、强度、状态、阴影、颜色等选项,此时命令行显示如下提示信息:

输入要更改的选项[名称(N)/强度因子(I)/状态(S)/光度(P)/阴影(W)/过滤颜色(C)/退出(X)]<退出>:

(2)查看光源列表

当创建了光源后,可以选择菜单栏"视图"→"渲染"→"光源"→"光源列表"菜单项,也可以单击功能区"可视化"→"光源"面板右下角的 ⬰,打开"模型中的光源"选项板,查看创建的光源,如图 11-51 所示。选择菜单栏"视图"→"渲染"→"光源"→"阳光特性"菜单项或单击功能区"可视化"→"阳光和位置"面板右下角的 ⬰,打开"阳光特性"选项板,可以编辑阳光特性,如

图 11-52 所示。

图 11-51　"模型中的光源"选项板　　图 11-52　"阳光特性"选项板

4. 设置渲染材质

在渲染对象时,使用材质可以增强模型的真实感。在 AutoCAD 中,选择菜单栏"视图"→"渲染"→"材质浏览器"菜单项,打开"材质浏览器"选项板,可以为对象选择材质,如图 11-53 所示。材质浏览器可执行多个模型的材质指定操作。单击"在文档中创建新材质"图标按钮🔅,在弹出的列表框中选择相应的材料,返回"材质浏览器"选项板,在"文档材质"列表框中选择某一个材料并在其上点击鼠标右键,在弹出的快捷菜单中选择"指定给当前选择"菜单项,即可为所选模型对象赋予新创建的材质。

双击"文档材质"列表框中的某个材质,将弹出"材质编辑器"选项板。在"材质编辑器"选项板中,可以更改材质预览形状,显示材质的基本信息,还可以显示并设置材质的颜色、光泽度、反射率、自发光等参数,如图 11-54 所示。

5. 设置贴图

在渲染图形时可以将材质映射到对象上,称为贴图。打开菜单栏"视图"→"渲染"→"贴图"子菜单,利用各菜单项可以创建平面贴图、长方体贴图、柱面贴图和球面贴图。

6. 渲染环境

在渲染图形时可以选择菜单栏"视图"→"渲染"→"高级渲染设置"菜单项,打开"渲染预设管理器"选项板,

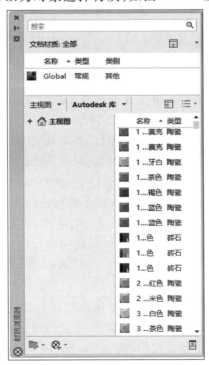

图 11-53　"材质浏览器"选项板

设置渲染环境中的雾化效果。

7. 高级渲染设置

在 AutoCAD 2023 中,选择菜单栏"视图"→"渲染"→"高级渲染设置"菜单项,打开"渲染预设管理器"选项板,如图 11-55 所示。可以在选项板中设置渲染类型、渲染持续时间、光源和材质。

图 11-54　"材质编辑器"选项板

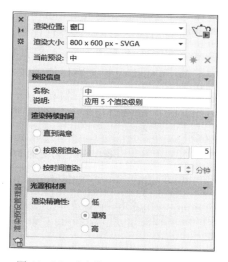

图 11-55　"渲染预设管理器"选项板

11.8　AutoCAD 三维模型在 3D 打印中的应用

三维几何模型是产品实际结构形状在计算机中的三维表达,其中包括了与产品几何体结构有关的点、线、面、体的各种信息。产品三维几何模型的描述经历了从线框模型、表面模型到实体模型的发展历程,所能表示的几何体信息越来越完整和准确,能解决的设计问题的范围也越来越广。三维几何模型发展到实体模型阶段后,封闭的几何表面构成了一定的体积,形成了几何形体的概念,如同在几何形体的中间填充了一定的物质,使之具有了如质量、密度等特性,还可以检查两几何体的碰撞和干涉情况。由于三维几何模型包含了更多的实际结构特征,使用户在采用三维几何模型进行产品结构设计时,能够更加全面真实地反映产品的构造和制造加工过程。

快速原型制造是一种将零件的三维几何模型应用于制造过程的方法。到目前为止已出现了多种快速原型制造方法,但它们所依据的基本原理是一致的,就是逐层把合成材料堆积起来生成原型。快速原型制造方法的最大优点是可以直接利用零件的三维几何模型把原型制造出来,整个过程不需要进行复杂的工艺过程规划,不需要对所使用的原料进行预先处理,也不需要在几个加工母机间移动和传输工件。3D 打印技术就是快速原型制造技术的一种，它是以数字模型文件为基础，利用粉末状金属或塑料等可黏合材料，采用数字技术材料打印机通过逐层打印的方式来构造物体的技术。起初在模具制造、工业设计等领域被用于制造模型，后逐渐用于一些产品的直接制造，目前该技术在珠宝、鞋类、工业设计、建筑、工程和施工（AEC）、汽车、航空航天、牙科和医疗产业、教育、地理信息系统、土木工程等领域都有应用。与数控等"减材制造技术"不同的是，3D 打印是增材制造技术。增材是指 3D 打印通过将原材料沉积或黏合为材料层以构成三维实体的打印方法，制造是指 3D 打印机通过某些可测量、可重复、系统性的过程制造材料层。

11.8.1 3D 打印过程

3D 打印技术，实际上是利用光固化和纸层叠等技术的一种最新快速原型制造技术。3D 打印过程首先要通过计算机建模软件创建零件的三维模型，再将建成的三维模型"分区"成逐层的截面，即切片，然后 3D 打印机进行逐层打印获得实体零件。3D 打印机与普通打印机的工作原理基本相同，3D 打印机内装有液体或粉末等打印材料，通过计算机控制把打印材料一层层叠加起来，最终把计算机上的三维模型变成实物。

3D 打印针对不同的材料有不同的成形方式。表 11-1 给出了常见的 3D 打印类型、累积技术及基本材料。

表 11-1 常见的 3D 打印类型、累积技术及基本材料

类　　型	累　积　技　术	基　本　材　料
挤压	熔融沉积式（FDM）	热塑性塑料、共晶系统金属、可食用材料
线	电子束自由成形制造（EBF）	几乎任何合金
粒状	直接金属激光烧结（DMLS）	几乎任何合金
	电子束熔化成形（EBM）	钛合金
	选择性激光熔化成形（SLM）	钛合金、钴铬合金、不锈钢、铝
	选择性热烧结（SHS）	热塑性粉末
	选择性激光烧结（SLS）	热塑性塑料、金属粉末、陶瓷粉末
粉末层喷头 3D 打印	石膏 3D 打印（PP）	石膏
层压	分层实体制造	纸、金属膜、塑料薄膜
光聚合	立体平版印刷（SLA）	光硬化树脂
	数字光处理（DLP）	光硬化树脂

设计软件和打印机之间协作的标准文件格式是 STL 文件格式。一个 STL 文件是用三角面来近似模拟物体的表面。三角面越小其生成的表面分辨率越高。3D 打印机通过读取文件中的横截面信息，用液体状、粉状或片状的材料将这些截面逐层地打印出来，再将各层截面以各种方式黏合起来从而制造出一个实体。这种技术的特点在于其可以造出几乎任何形状的物品。打印机打出的截面的厚度（即 Z 方向）以及平面方向即 X-Y 方向的分辨率是以 dpi（像素每英寸）或

者 μm 来计算的。一般的厚度为 100 μm, 即 0.1 mm。传统的制造技术如注塑法可以以较低的成本大量制造聚合物产品, 而 3D 打印技术则可以以更快、更有弹性以及更低成本的办法生产数量相对较少的产品。

11.8.2　3D 打印技术中常用的文件格式

在进行 3D 打印之前, 必须得到零件的三维几何模型, 因此有一个合适的实体建模或表面建模系统是应用 3D 打印技术进行快速原型制造的前提。通常, 零件的三维几何模型可以被存储为各种格式的文件, 这主要取决于用户所使用的 CAD 软件的类型, 但对 3D 打印设备来讲, 目前它们只能接收一个固定格式的文件, 即 STL 文件。所有其他格式的数据文件必须转化成 STL 格式文件才能被用于快速原型制造。

STL 格式文件是由 3D System 公司于 1987 年提出的, 它将物体表示为相互连接的三角形网格。在 STL 文件中, 每个三角形的顶点被按照一定的顺序排列, 以表明三角形的哪一侧包含有实体。图 11-56 是一个 STL 文件的 ASCII 格式, 表 11-2 则给出了 STL 文件的二进制格式。

```
        solid AutoCAD
        facet normal 0.0000000e+000 0.0000000e+000 1.0000000e+000
            outer loop
                vertex 9.6297489e+001 1.1302239e+002 5.1000000e+001
                vertex 9.0492707e+001 1.0978771e+002 5.1000000e+001
                vertex 9.6035592e+001 1.0918060e+002 5.1000000e+001
            endloop
        endfacet
        facet normal 0.0000000e+000 -0.0000000e+000 1.0000000e+000
            outer loop
                vertex 9.0492707e+001 1.0978771e+002 5.1000000e+001
                vertex 9.6297489e+001 1.1302239e+002 5.1000000e+001
                vertex 8.8161807e+001 1.1280181e+002 5.1000000e+001
            endloop
        endfacet
            :
            :
        endsolid AutoCAD
```

图 11-56　STL 文件的 ASCII 格式

表 11-2　STL 文件的二进制格式

字　节　位	类　　型	描　　述
80	字符串	头信息, 如所用 CAD 系统
4	无符号长整型	三角面片数量
第 1 个三角面片定义		
4	浮点型	法线 x
4	浮点型	法线 y

续表

字 节 位	类 型	描 述
4	浮点型	法线 z
4	浮点型	顶点 1x
4	浮点型	顶点 1y
4	浮点型	顶点 1z
4	浮点型	顶点 2x
4	浮点型	顶点 2y
4	浮点型	顶点 2z
4	浮点型	顶点 3x
4	浮点型	顶点 3y
4	浮点型	顶点 3z
2	无符号长整型	设为 0 属性字节位的数量

第 2 个三角面片定义

⋮

11.8.3　基于 AutoCAD 三维模型的 STL 文件形成及应用实例

　　AutoCAD 系统默认情况下是将零件的三维几何模型存储为 DWG 文件,同时 AutoCAD 系统具有将三维几何模型以 STL 文件输出的功能。要实现 AutoCAD 模型的 3D 打印,必须首先创建一个零件的三维几何模型,其快速原型样件的实物如图 11-57 所示,然后通过如图 11-58 所示的下拉菜单,选择"输出"菜单项,AutoCAD 系统会弹出如图 11-59 所示的"输出数据"对话框,然后在"文件类型"下拉列表中选择输出文件格式为"平板印刷(∗.stl)",接着系统会在命令行上提示"选择实体或无间隙网格:",此时可以通过鼠标来点选一个需要进行 3D 打印的三维模型,然后回车,这样就可以得到一个 STL 文件。

图 11-57　快速原型样件的实物

　　除了上述利用菜单栏得到 STL 文件的方法外,还可以通过单击"应用程序"图标按钮→"输出"→"其他格式"或在命令行上输入"STLOUT"的方法来获得 STL 文件。在命令行输入

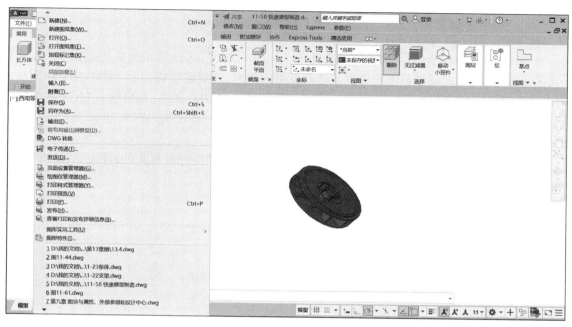

图 11-58 利用"输出"菜单项输出 STL 文件

图 11-59 "输出数据"对话框

"STLOUT"创建 STL 格式文件的具体步骤如下：

1）在命令行上输入"STLOUT"，然后回车。

2）系统将在命令行上提示为"选择实体或无间隙网格：",选择后系统会继续提示"选择实体或无间隙网格：",此时如果不需要继续选择就可以回车,然后系统将提示"创建二进制 STL 文件? [是(Y)/否(N)] <是>："。输入"Y"或按 Enter 键创建 STL 文件,如果输入"N",则系统弹出"创建 STL 文件"对话框并创建如图 11-56 所示的 STL 文件的 ASCII 格式,它显示的是图 11-57所示零件的 STL 文件的一部分数据。

3）用户在系统弹出的对话框中输入文件名和对应的存储路径保存文件,即完成操作。

<h1 style="text-align:center">习　　　题</h1>

1. 绘制基本实体,并运用系统变量控制其显示结果。

2. 任意创建两个基本实体,对它们进行布尔运算。

3. 用体素拼合法绘制图 11-60 所示的法兰和图 11-61 所示的三维实体。

4. 用长方体及对齐命令完成一段楼梯的造型。

5. 用旋转曲面命令完成高脚酒杯造型。

6. AutoCAD 可以输出哪几种图形文件格式? 哪一种可以用于 3D 打印原型样件的制作?

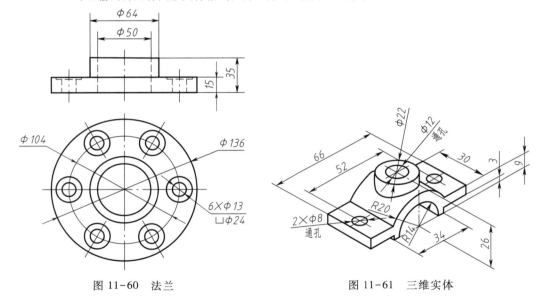

图 11-60　法兰　　　　　　　　　图 11-61　三维实体

第 12 章　图形数据输出和打印

用户在 AutoCAD 2023 中绘制好图形后,可以利用数据输出把图形保存为特定的文件类型,以便把它们的信息传递给其他应用程序,也可以打印输出。

12.1　数据输出

1. 命令激活方式

应用程序图标: 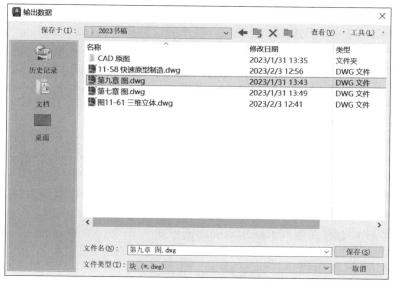→输出

菜单栏:文件→输出

命令行:EXPORT 或 EXP

2. 操作步骤

激活命令后弹出"输出数据"对话框,如图 12-1 所示。在"文件名"文本框中输入要创建文件的名称。在"文件类型"下拉列表中选择文件输出的类型。AutoCAD 2023 允许使用以下输出文件类型:三维 DWF(∗.dwf)、三维 DWFx(∗.dwfx)、图元文件(∗.wmf)、ACIS(∗.sat)、平板印刷(∗.stl)、封装 PS(∗.eps)、DXX 提取(∗.dxx)、位图(∗.bmp)、块(∗.dwg)等,如图 12-2 所示。

图 12-1　"输出数据"对话框

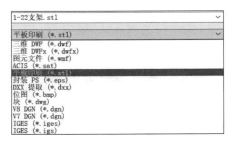

图 12-2　"文件类型"下拉列表

12.2　布局

　　AutoCAD 2023 可以创建多种布局,布局用于构造或设计图样以便进行打印,每个布局都代表一张可单独打印的输出图纸。它可以由一个标题栏、一个或多个视口和注释组成。一个图形文件可以有多个布局。创建新布局后就可以在布局中创建浮动视口。视口中的各个视图可以使用不同的比例打印,并能控制视口中图层的可见性。

12.2.1　在模型空间与图纸空间之间切换

　　模型空间是完成绘图和设计工作的工作空间。用户可以在模型空间中创建二维图形或三维模型。在模型空间中进行设计的方法是根据图形或物体的实际尺寸、形状及方向,在某一坐标系中绘制图形,并进行必要的尺寸标注和注释等工作。在模型空间可以创建多个不重叠的平铺视口以展示不同的视图。图纸空间可以认为是建立与工程图样相对应的绘图空间,用来创建最终供打印机或绘图仪输出图纸所用的平面图。在图纸空间中,视口被作为对象来看待,并且可以用 AutoCAD 的标准编辑命令对其进行编辑。用户可以通过移动或改变视口的尺寸,在图纸空间中排列视图。在图纸空间可以创建多个浮动视口以达到排列视图的目的。

　　在设计绘图的过程中经常需要在模型空间与图纸空间之间切换。使用系统变量 TILEMODE 可以控制模型空间与图纸空间之间的切换,当系统变量 TILEMODE 设置为 1 时,将切换到"模型"标签,用户工作在模型空间。当系统变量 TILEMODE 设置为 0 时,将打开"布局"标签,用户工作在图纸空间。

　　在打开"布局"标签后,可以按以下方式在图纸空间与模型空间之间进行切换。

　　1）通过使一个视口成为当前视口而工作在模型空间。要使一个视口成为当前视口,双击该视口即可。要使图纸空间成为当前状态,可双击浮动视口外布局内的任何地方。

　　2）通过状态栏上的"模型"标签或"布局"标签来切换模型空间和图纸空间。当通过此方法由图纸空间切换到模型空间时,最后活动的视口成为当前视口。

　　3）使用 MSPACE 命令从图纸空间切换到模型空间。

12.2.2　利用向导创建布局

　　1. 命令激活方式
　　命令行:LAYOUTWIZARD

菜单栏:插入→布局→创建布局向导

工具→向导→创建布局

2. 操作步骤

激活命令后,弹出图 12-3 所示的"创建布局"向导对话框。利用该对话框创建布局的步骤如下:

1)在"创建布局-开始"对话框中,输入新布局的名称。

2)在"创建布局-打印机"对话框中,选择新布局要使用的打印机。

3)在"创建布局-图纸尺寸"对话框中,确定打印时使用的图纸尺寸、绘图单位。

4)在"创建布局-方向"对话框中,确定打印方向为纵向还是横向。

5)在"创建布局-标题栏"对话框中,选择要使用的标题栏。

6)在"创建布局-定义视口"对话框中,设置布局中浮动视口的个数和视口比例。

7)在"创建布局-拾取位置"对话框中,单击"选择位置"按钮,切换到绘图区,指定视口的大小和位置。

8)在"创建布局-完成"对话框中,单击"完成"按钮,完成新布局的创建。

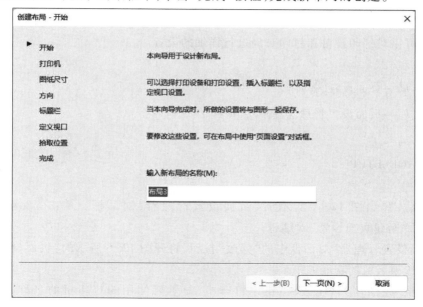

图 12-3 "创建布局-开始"对话框

12.2.3 布局管理

1. 命令激活方式

功能区:布局→新建布局

菜单栏:插入→布局→新建布局

工具栏:布局→

命令行:LAYOUT 或 LO

2. 操作步骤

激活命令后,命令行提示:

输入布局选项[复制(C)/删除(D)/新建(N)/样板(T)/重命名(R)/另存为(SA)/设置(S)/?]<设置>:

各选项说明如下。

1)"复制(C)":复制布局。

2)"删除(D)":删除布局。

3)"新建(N)":创建一个新的布局选项卡。

4)"样板(T)":基于样板(DWT 文件)或图形文件(DWG 文件)中现有的布局创建新样板。

5)"重命名(R)":给布局重新命名。

6)"另存为(SA)":保存布局。

7)"设置(S)":设置当前布局。

8)"?":列出图形中定义的所有布局。

12.2.4 页面设置管理

页面设置可以对打印设备和打印布局进行详细的设置。

1. 命令激活方式

功能区:布局→页面设置

菜单栏:文件→页面设置管理器

工具栏:布局→

命令行:PAGESETUP

2. 操作步骤

激活命令后,弹出图 12-4 所示的"页面设置管理器"对话框。单击"新建"按钮,打开图 12-5 所示的"新建页面设置"对话框。

单击"页面设置管理器"对话框中的"修改"按钮,打开图 12-6 所示的"页面设置-布局 1"对话框。其主要选项区域的功能如下。

1)"打印机/绘图仪"选项区域:指定打印机,显示要使用的打印机的名称、位置和说明。打开"名称"下拉列表可以选择配置各种类型的打印设备。如果要查看或修改打印设备的配置信息,可以单击"特性"按钮,在打开的图 12-7 所示的"绘图仪配置编辑器"对话框中进行设置。

2)"打印样式表(画笔指定)"选项区域:为当前的布局设置、编辑打印样式表,或者创建新的打印样式表。当在下拉列表中选择一个打印样式后,单击"编辑"图标按钮 ,打开图 12-8 所示的"打印样式表编辑器"对话框,使用该对话框可以查看或修改打印样式。当在下拉列表中选择"新建"选项时,将打开"添加颜色相关打印样式表"向导对话框,如图 12-9 所示,用于创建新的打印样式表。"显示打印样式"复选框用于确定是否在布局中显示打印样式。

3)"图纸尺寸"选项区域:指定图纸的尺寸大小。

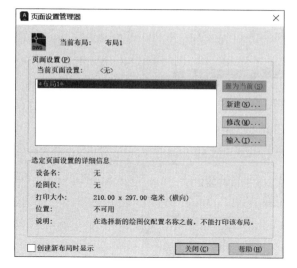

图 12-4 "页面设置管理器"对话框

图 12-5 "新建页面设置"对话框

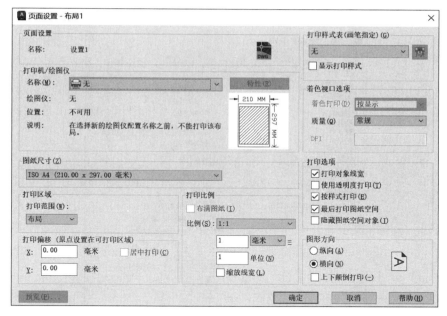

图 12-6 "页面设置-布局 1"对话框

　　4)"打印区域"选项区域:设置布局的打印区域。在"打印范围"下拉列表中,可以选择要打印的区域,包括布局、视图、显示和窗口。默认设置为布局,表示针对"布局"标签,打印图纸尺寸边界内的所有图形,或表示针对"模型"标签,打印绘图区中所有显示的几何图形。

　　5)"打印偏移"选项区域:显示、指定打印区域偏离图纸左下角的偏移值。在布局中,可打印区域的左下角点,由图纸的左下边距决定,用户可以在"X"和"Y"文本框中输入偏移量。如果选中"居中打印"复选框,则 AutoCAD 可以自动计算相应的偏移值,以便居中打印。

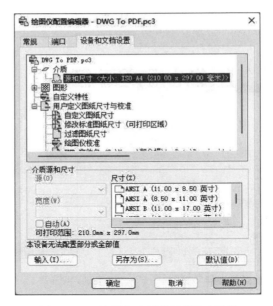

图 12-7　"绘图仪配置编辑器"对话框

图 12-8　"打印样式表编辑器"对话框

6）"打印比例"选项区域：用来设置打印时的比例。在"比例"下拉列表中可以选择标准缩放比例，或者输入自定义值。布局空间的默认比例为 1：1。模型空间的默认比例为"按图纸空间缩放"。如果要按打印比例缩放线宽，可选中"缩放线宽"复选框。布局空间的打印比例一般为 1：1。如果要缩小为原尺寸的一半，则打印比例为 1：2，线宽也随比例缩放。

7）"着色视口选项"选项区域：指定着色和渲染视口的打印方式，并确定它们的分辨率大小

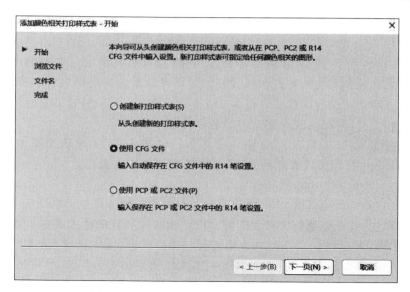

图 12-9 "添加颜色相关打印样式表"对话框

和 DPI 值。其中,在"着色打印"下拉列表中可以指定视图的打印方式。在"质量"下拉列表中可以指定着色和渲染视口的打印分辨率。在"DPI"文本框中,可以指定着色和渲染视图每英寸的点数,最大可为当前打印设备分辨率的最大值,该选项只有在"质量"下拉列表中选择"自定义"选项后才可用。

8)"打印选项"选项区域:设置打印选项,如"打印对象线宽"等复选框。如果选中"打印对象线宽"复选框,可以打印对象和图层的线宽;选中"使用透明度打印"复选框,可以打印设置了透明度的填充对象或图层,使其不遮挡底图上的东西;选中"按样式打印"复选框,可以打印应用于对象和图层的打印样式;选中"最后打印图纸空间"复选框,可以先打印模型空间几何图形,通常是先打印图纸空间几何图形,然后再打印模型空间几何图形;选中"隐藏图纸空间对象"复选框,可以指定消隐操作应用于图纸空间视口中的对象,该选项仅在"布局"标签中可用,并且该设置的效果反映在打印预览中,而不反映在布局中。

9)"图形方向"选项区域:指定打印机图纸上图形的方向是纵向还是横向。"纵向"指用图纸的短边作为图纸的顶部。"横向"指用图纸的长边作为图纸的顶部。选中"上下颠倒打印"复选框,可以指定图形在图纸上倒置打印,相当于旋转180°打印。

12.3 打印样式

打印样式是一系列颜色、抖动、灰度、笔号、虚拟笔号、淡显、线型、线宽、端点、连接、填充样式等的替代设置。使用打印样式能够改变图形中对象的打印效果,可以给任何对象或图层指定打印样式。要使用打印样式,必须先完成如下任务:

1)在打印样式表中定义打印样式;

2)将打印样式表附着到布局;

3)为对象或图层指定打印样式。

12.3.1　打印样式表

打印样式表包含打印时应用到图形对象中的所有打印样式,它控制打印样式定义。AutoCAD 包含命名和颜色相关两种打印样式表。用户可以添加新的命名打印样式,也可以更改打印样式的名称。颜色相关打印样式表包含 255 种打印样式,每一种样式表示一种颜色。不能添加或删除颜色相关打印样式,或改变它们的名称。

用户可以选择菜单栏"工具"→"向导"→"添加打印样式表"菜单项来添加打印样式表,并选择菜单栏"文件"→"打印样式管理器"菜单项来管理打印样式表。

12.3.2　使用打印样式

要使用打印样式,首先要把打印样式附着到模型和布局的打印样式表中。在"页面设置"对话框的"打印样式表(画笔指定)"下拉列表中选择打印样式表,这样就可以把打印样式附着到模型或布局中。用户还可以利用菜单栏"工具"→"选项"菜单项打开"选项"对话框,在该对话框的"打印和发布"选项卡中单击"打印样式表设置"按钮。在打开的"打印样式表设置"对话框中选择"使用命名打印样式"或"使用颜色相关打印样式"单选项。该设置在新建文件时生效。

AutoCAD 中每个对象、图层都具有打印样式特性。为图形指定了打印样式后,可以利用"对象特性"修改对象的打印样式或利用"图层特性管理器"修改图层的打印样式。

注意:如果使用的是命名打印样式,则可以随时修改对象或图层的打印样式。如果使用颜色相关打印样式,对象或图层的打印样式由它的颜色确定。因此,修改对象或图层的打印样式只能通过修改它的颜色来实现。

12.4　打印图形

创建完图形之后,通常要打印到图纸上。打印的图形可以包含图形的单一视图,或者更为复杂的排列视图。根据不同的需要,可以打印一个或多个视口,或设置选项以决定打印的内容在图纸上的布置。

12.4.1　打印预览

在打印输出图形之前可以预览输出结果,以检查各项设置是否正确。例如,图形是否都在有效的输出区域内等。可以在"页面设置"对话框和"打印"对话框中,选定打印机/绘图仪后,单击"预览"按钮预览要打印的内容。也可以按照以下方式激活命令后进行预览。

1. 命令激活方式

应用程序图标: A CAD →打印→打印预览

菜单栏:文件→打印预览

命令行:PREVIEW 或 PRE

2. 操作步骤

激活命令后,就可以在屏幕上预览输出结果。在预览窗口中,光标变成了带有加号或减号的放大镜形状,向上滚动鼠标中键可以放大图形,向下滚动鼠标中键可以缩小图形。按 Esc 键可结束预览。

12.4.2　打印输出图形

1. 命令激活方式

快速访问工具栏：🖨

应用程序图标：**A CAD**→打印

菜单栏：文件→打印

命令行：PLOT 或 PRINT

2. 操作步骤

激活命令后显示图 12-10 所示的"打印-布局 1"对话框。单击其右下角的图标 ▶️，展开后对话框如图 12-11 所示。该对话框与"页面设置-布局 1"对话框中的内容基本一致，此外还可以设置以下选项。

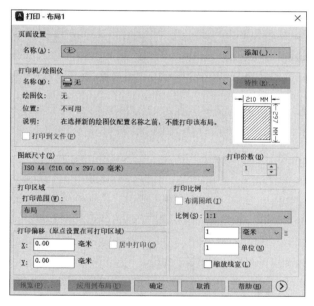

图 12-10　"打印-布局 1"对话框（展开前）

1）"页面设置"选项区域：使用"名称"下拉列表可以选择打印设置，并能够随时保存、命名和恢复"打印"对话框中的所有设置。单击"添加"按钮，打开如图 12-12 所示的"添加页面设置"对话框，可以从中添加新的页面设置。

2）"打印机/绘图仪"选项区域：选中"打印到文件"复选框，可以将选定的布局发送到打印文件，而不是发送到打印机。

3）"打印份数"文本框：可以设置每次打印图纸的份数。

4）"打印选项"选项区域：选中"后台打印"复选框，可以在后台打印图形；选中"将修改保存到布局"复选框，可以将"打印"对话框中改变的设置保存到布局中；选中"打开打印戳记"复选框，可以在每个输出图形的某个角落上显示绘图标记，以及生成日志文件。此时单击其后的"打

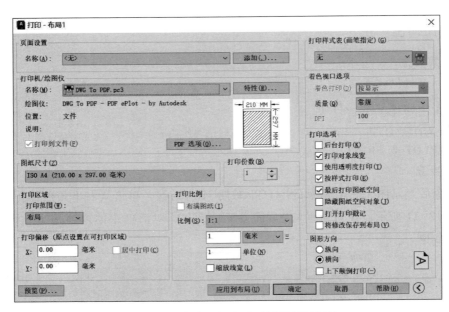

图 12-11　"打印-布局 1"对话框（展开后）

印戳记设置"图标按钮 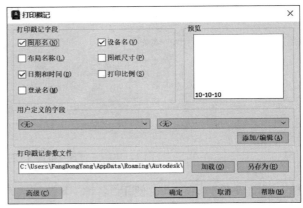，将打开图 12-13 所示的"打印戳记"对话框，可以设置打印戳记字段，包括图形名称、布局名称、日期和时间、打印比例、绘图设备及图纸尺寸等，还可以定义自己的字段。

图 12-12　"添加页面设置"对话框

图 12-13　"打印戳记"对话框

各部分设置完成后，在"打印-布局 1"对话框中单击"确定"按钮，AutoCAD 将开始打印输出图形并动态显示绘图进度。如果图形输出时出现错误或要中断打印，可按 Esc 键结束打印输出图形。

习   题

1. 绘制 AutoCAD 图形并把它输出为 STL 文件。

2. 使用布局向导创建一个新布局。

3. 绘制 AutoCAD 图形并把它打印出来。

第 13 章　AutoCAD 绘图综合实例

前面章节介绍了使用 AutoCAD 2023 进行设计绘图的基本方法。经过学习,用户可以使用 AutoCAD 2023 绘制图形,并进行编辑操作。但在科研及工作实际中,仅有前面的知识还是远远不够的。因为前面各章节的内容相对独立,各有侧重,具体应用起来,还是感觉比较凌乱,有时甚至不知道从哪儿入手绘制工程图样。因此,针对实际的设计绘图问题,如何能够快速地使用该软件进行交互设计绘图是每个用户都比较关心的一个问题。本章将通过具体的综合绘图实例,介绍在了解 AutoCAD 2023 基本内容的基础上,怎样快速地绘制既符合国家标准规定,又满足工程实际要求的图样。以便使读者巩固前面所学的知识,同时提高实际的绘图能力。

13.1　制作样板图

所谓样板图,是指包含图纸大小、图框线、标题栏等基本作图内容和关于绘图涉及的图层、线型、线宽、图线的颜色、文字样式、尺寸标注样式等内容的标准基础图形文件,一般为 *.dwt 格式文件。用户可以使用样板图,并在此基础上绘制出各种各样的新图形。AutoCAD 2023 自带有各种图纸大小的样板图,例如 acad.dwt, acadiso.dwt, ansi_a.dwt, din_ a.dwt, iso_a4.dwt, jis_ a3.dwt。有 ansi,din,iso 等字样的样板图形文件分别是基于由 ANSI(美国国家标准机构)、DIN(德国)以及 ISO(国际标准化组织)开发的绘图标准的样板图形文件。其内容大多数与我国国家标准或行业标准不一致,所以在实际工作中,用户有必要制作自己的样板图,以便节约时间,提高工作效率。

13.1.1　制作样板图的准则和流程图

1. 制作样板图的准则

使用 AutoCAD 2023 绘制样板图时,一般应遵守以下准则:

1)严格遵守国家标准的有关规定。

2)设置适当的图形界限,以便能包含最大操作区。

3)设置图层,使用标准线型(包括线宽、颜色等)。

4)按标准的图纸尺寸打印图样。

2. 制作样板图的流程图

样板图的制作既要符合上述准则,又要考虑设计绘图和打印图样方便。实际上,使用 AutoCAD 2023 进行设计绘图的最大方便之一,就是用户可以按照设计对象的真实尺寸进行有关的设计绘图工作,但是当按标准的图纸尺寸打印图样时,将涉及比例问题。工程实际中既有采用"后置图幅"的办法解决按标准的图纸尺寸打印图样的,也有采用"先置图幅"的。所谓"后置图幅",是指在完成图形的所有设计绘制工作后,选择一合适比例将所绘图样缩小或放大到某一标准图幅中,并且插入图框和标题栏。当然,在这个过程中需要修改尺寸标注样式中的测量单位比例,以满足国家标准对图样尺寸标注的要求,即图上所注的尺寸数字是设计对象的真实大小。考虑到制作的样板图应和 AutoCAD 2023 自带的样板图格式一致,包含图幅、图框和标题栏等内容,所以本书将采用"先置图幅"的办法进行设计绘图和打印图样。这也是和一般的设计绘图工作习惯是一致的。所谓"先置图幅",是指按照图样的要求,先调用或设计相应的标准图幅样板图,然后在样板图上进行设计绘图等工作。

为简明起见,下面以流程图的形式说明样板图的制作过程,如图 13-1 所示。

用户可以按该流程图,制作各种图幅(如 A0、A1、A2、A3、A4 等)的样板图,以方便使用。

13.1.2 实例

此处以制作 A3 图幅的样板图为例,详细说明其制作过程。注意,文中涉及的命令均采用一种方式描述。

1. 设置绘图单位和精度

开始绘图时,单位制都采用十进制,长度和角度精度均为小数点后 2 位。要设置绘图单位和精度,可选择菜单栏"格式"→"单位"菜单项,打开如图 13-2 所示的"图形单位"对话框。

样板图的
制作过程

图 13-2 "图形单位"对话框

在该对话框中,"长度"选项区域的"类型"下拉列表中选择"小数"选项,设置"精度"为"0.00";在"角度"选项区域的"类型"下拉列表中选择"十进制度数"选项,设置"精度"为"0.00";系统默认逆时针方向为正。设置完毕后单击"确定"按钮。

图 13-1 制作样板图的流程图

2. 设置图形界限

国家标准对图纸的幅面大小做了严格规定,每一种图纸幅面都有唯一的尺寸,如 A3 图纸的幅面为 420 mm×297 mm。

1)选择"格式"→"图形界限"菜单项。

2)在"指定左下角点或[开(ON)/关(OFF)]<0.00,0.00>:"提示下输入图纸左下角坐标(0,0),并按 Enter 键。

3)在"指定右上角点<400.00,200.00>:"提示下输入图纸右上角点坐标(420,297),并按 Enter 键。

此时已创建了一个标准的 A3 图幅。在绘制图形时,设计者应根据图形的大小和复杂程度,选择图纸幅面。

3. 设置图层

在绘制图形时,图层是最重要的辅助工具之一,可以用来管理图形中的不同对象。创建图层一般要设置图层名称、颜色、线型和线宽。图层的多少需要根据所绘制图形的复杂程度来确定,通常对于一些比较简单的图形,只需分别为基准线、粗实线、虚线、图框线、尺寸标注、文字注释等对象建立图层即可。

1)选择菜单栏"格式"→"图层"菜单项,打开"图层特性管理器"对话框,如图 13-3 所示。

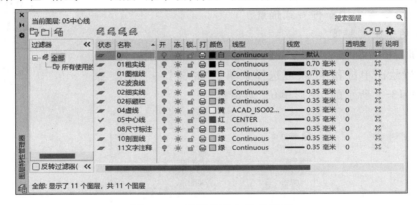

图 13-3　设置绘图文件的图层

2)单击"新建图层"图标按钮,按照表 13-1 中的内容设置图层,表中数据均符合国家标准要求。

表 13-1　图层设置参数

图层名称	颜　　色	线　　型	线　　宽
01 粗实线	黑色/白色	Continuous	0.7 mm
01 图框线	黑色/白色	Continuous	0.7 mm
02 波浪线	绿色	Continuous	0.35 mm
02 细实线	绿色	Continuous	0.35 mm
02 标题栏	绿色	Continuous	0.35 mm(外框用 0 图框线,0.7 mm)
04 虚线	黄色	ACAD_ISO02W100	0.35 mm

续表

图层名称	颜　　色	线　　型	线　　宽
05 中心线	红色	CENTER	0.35 mm
08 尺寸标注	绿色	Continuous	0.35 mm
10 剖面线	绿色	Continuous	0.35 mm
11 文字注释	绿色	Continuous	0.35 mm

3）设置完毕,关闭对话框。

4. 设置文字样式

在绘制图形时,通常要设置 4 种文字样式,分别用于一般注释、标题栏中的图样名称、标题栏注释和尺寸标注。国家标准规定汉字标注字体采用长仿宋体,应用 AutoCAD 2023 可选择字体名为"汉仪长仿宋体"。而文字高度对于不同的对象,要求也不同。例如,一般注释为 7 mm,图样名称为 10 mm,标题栏中其他文字为 5 mm,尺寸文字为 3.5 mm。

选择菜单栏"格式"→"文字样式"菜单项,打开"文字样式"对话框,单击"新建"按钮,创建文字样式如下。

1）注释文字:汉仪长仿宋体,高度 7 mm。

2）图样名称:汉仪长仿宋体,高度 10 mm。

3）标题栏:汉仪长仿宋体,高度 5 mm。

4）尺寸标注:gbeitc,高度 3.5 mm。

5. 设置尺寸标注样式

尺寸标注样式主要用来标注图形中的尺寸,对于不同种类的图形,尺寸标注的要求也不尽相同。通常采用 ISO 标准,并设置标注文字为前面创建的"尺寸标注"。此处设置基本尺寸标注、尺寸公差标注、角度标注 3 种尺寸标注样式。

1）选择菜单栏"格式"→"标注样式"菜单项,打开"标注样式管理器"对话框。

2）在"标注样式管理器"对话框中,单击"新建"按钮,打开"创建新标注样式"对话框,在该对话框的"新样式名"文本框中输入"基本尺寸标注","基础样式"使用"ISO-25"。单击"继续"按钮,打开"新建标注样式:基本尺寸标注"对话框,如图 13-4 所示。

3）在该对话框中,按照国家标准(GB/T 4458.4—2013)进行相关的设置:

① 打开"线"选项卡,设置"超出尺寸线"为 3、"起点偏移量"为 0;

② 打开"符号和箭头"选项卡,设置"箭头大小"为 3.5;

③ 打开"文字"选项卡,设置"文字样式"为"尺寸标注",设置"从尺寸线偏移"为 1,并在"文字对齐"选项区域中选择"ISO 标准"单选项;

④ 打开"主单位"选项卡,设置"精度"为 0、"小数分隔符"为"."(句点)。

4）设置完毕后单击"确定"按钮,关闭对话框。

5）重复上述 1）~2）步骤,设置名为"尺寸公差标注","基础样式"为"基本尺寸标注"的标注样式,在"新建标注样式"对话框的"公差"选项卡中,设置"方式"为"极限偏差","精度"为"0.000",在"上偏差"和"下偏差"文本框中分别输入"0"和"0.035",设置"高度比例"为"0.7",

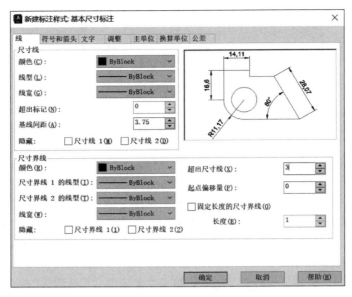

图 13-4 设置标注样式

设置"垂直位置"为"中"。单击"确定"按钮。

6）重复上述 1）~2）步骤,设置名为"角度标注","基础样式"为"基本尺寸标注"的标注样式,在"新建标注样式"对话框的"文字"选项卡中,设置"文字对齐"为"水平"。单击"确定"按钮。

6. 绘制标准图幅线和图框线

1）标准图幅线用来表示标准图幅的大小。使用矩形命令绘制图幅线。

① 将"02 细实线"图层设为当前图层。

② 激活矩形命令,命令行提示:

指定第一个角点或 [倒角(C)/标高(E)/圆角(F)/厚度(T)/宽度(W)]: 0, 0↙

指定另一个角点或 [面积(A)/尺寸(D)/旋转(R)]: 420, 297↙

执行结果为图幅线。

2）图框线用来确定绘图的范围。图框线要小于图形界限,到图形界限所留的尺寸要符合国家标准的规定。在此可使用"直线"命令绘制图框线。

① 将"01 图框线"图层设为当前图层。使用直线命令,绘制图框线。

② 激活直线命令,命令行提示:

指定第一个点: 25,5↙

指定下一点或 [放弃(U)]: 415,5↙

指定下一点或 [放弃(U)]: 415,292↙

指定下一点或 [闭合(C)/放弃(U)]: 25,292↙

指定下一点或 [闭合(C)/放弃(U)]: c↙

执行结果如图 13-5 所示的粗线图框。此过程也可用矩形命令绘制。

当在状态栏中单击"线宽"按钮时,就得到图 13-5 所示的外围图幅线和图框线。

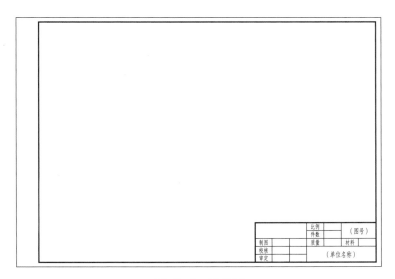

图 13-5 样板图

7．绘制、填写标题栏

标题栏一般位于图框的右下角，可以使用菜单栏"绘图"→"表格"菜单项来绘制如图 13-5 所示的标题栏。

1）将"02 标题栏"图层设置为当前图层。

2）选择"格式"→"表格样式"菜单项，打开"表格样式"对话框。单击"新建"按钮，在打开的"创建新的表格样式"对话框中创建名为"表格"的新样式，如图 13-6 所示。

3）单击"继续"按钮，在打开的"新建表格样式：表格"对话框中，在"单元样式"选项区域的下拉列表中选择"数据"选项。在"常规"选项卡中，在"对齐"下拉列表中选择"正中"，

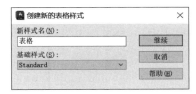

图 13-6 "创建新的表格样式"对话框

取消"创建行/列时合并单元"复选框，在"边框"选项卡中，在"特性"选项区域中单击"外边框"图标按钮，并在"线宽"下拉列表中选择"0.70 mm"。

4）单击"确定"按钮，返回到图 13-7 所示的"表格样式"对话框，在"样式"列表中选中"表格"，单击"置为当前"按钮。

5）设置完毕后，单击"关闭"按钮关闭对话框。

6）选择"绘图"→"表格"菜单项，打开"插入表格"对话框，在"插入方式"选项区域中选择"指定插入点"单选项；在"列和行设置"选项区域中分别设置"列数"和"数据行数"文本框中的数值为"7"和"5"，"列宽"和"行高"文本框中的数值为"20"和"1"行。单击"确定"按钮，在绘图区插入一个 5 行 7 列的表格，如图 13-8 所示。

7）拖动鼠标选中表格中的前 2 行和前 3 列表格单元，如图 13-9 所示。

8）点击鼠标的右键，在弹出的快捷菜单中选择"合并"→"全部"菜单项，将选中的表格单元合并为一个单元。使用同样的方法，按照图 13-10 所示的标题栏格式编辑表格。

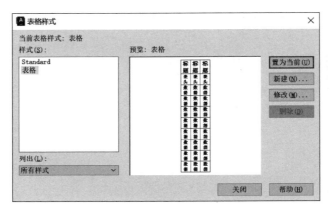

图 13-7 "表格样式"对话框

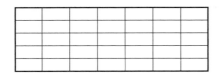

图 13-8 插入表格

图 13-9 选中表格单元

		比例		（图号）
		件数		
制图		质量	材料	
校核		（单位名称）		
审定				

图 13-10 标题栏

9）如图 13-10 所示在标题栏中填写文字。将光标置于标题栏的某一个表格单元中双击，在功能区打开"文字编辑器"，在"字体"下拉列表中选择"汉仪长仿宋体"，然后输入相应的文字。

10）选中绘制的标题栏，然后将其拖放到图框右下角。

如果之前已经保存有标题栏的图块，可以在设计中心中选择插入。

8. 保存样板图

通过前面的操作，样板图及其环境已经设置完毕，可以将其保存为样板图文件。

选择"文件"→"另存为"菜单项，打开图 13-11 所示的"图形另存为"对话框，在"文件类型"下拉列表中选择"AutoCAD 图形样板（＊.dwt）"选项，在"文件名"文本框中输入文件名称"A3"。单击"保存"按钮，打开如图 13-12 所示的"样板选项"对话框，在"说明"文本框中输入对样板图形的描述和说明。

到此，一个标准的 A3 幅面的样板文件已经创建完成。

图 13-11 "图形另存为"对话框

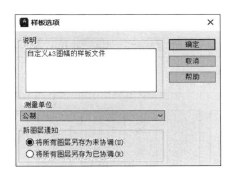

图 13-12 "样板选项"对话框

13.2 绘制二维零件图

表达零件的图样称为零件图。零件图是工程部门重要的技术文件,是加工、制造和检验零件的依据。

在工程图样中,零件图主要通过二维绘图来表现,因此在二维零件图中不仅要将零件的材料、结构形状和大小表达清楚,而且还要对零件的加工、检验、测量提供必要的技术要求。

13.2.1 零件图的内容及其绘制流程图

一张完整的零件图主要包含以下内容。

1) 一组图形:正确、完整、清晰地表达零件的各部分结构、形状。

2) 尺寸:正确、完整、清晰、合理地标注零件的全部尺寸。

3）技术要求：用符号或文字来说明零件在加工制造、检验等过程中应达到的一些技术要求，如表面粗糙度、尺寸公差、几何公差、热处理要求等。技术要求的文字一般标注在标题栏上方空白处。

4）标题栏：标题栏位于图纸的右下角，应填写零件的名称、材料、数量、图的比例，以及设计、描图、审核人的签字、日期等各项内容。

在零件的表达方案确定后，用 AutoCAD 2023 绘制零件图时，还要分析绘图对象，以便快速高效地绘制图形、标注尺寸、注写技术要求等。

为简明起见，下面以流程图的形式说明其操作绘制过程，如图 13-13 所示。

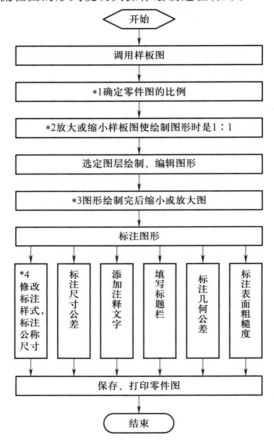

图 13-13　绘制零件图流程图

注意：打"﹡"内容之间的比例协调问题。假如﹡1 零件图的比例为 1∶2，则﹡2 应放大样板图 2 倍，则﹡3 应将绘制完的图形缩小 2 倍，而﹡4 应修改样板中"基本尺寸标注"样式：在打开的"修改标注样式"对话框中单击"主单位"选项卡，设置"比例因子"为"2"。采用上述方法的目的是使绘制图形和标注尺寸时，所使用的均是零件的真实尺寸，这样做既方便了绘图，又满足了国家标准对于标注尺寸的要求，同时输出图样时均可按样板图大小 1∶1 打印以满足工程实际需要。

13.2.2 实例

下面以图 13-14 所示的零件图为例,说明其绘制过程。

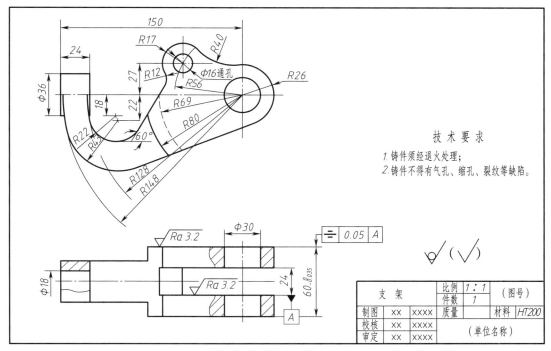

图 13-14 支架零件图

1. 根据视图大小选定图幅,使用样板文件建立新图

该图可以使用 A3 图幅。使用样板文件建立新图,执行新建命令,打开"选择样板"对话框,在文件列表中选择前面创建的样板文件"A3.dwt",然后单击"打开"按钮,创建一个新的图形文档。此时绘图区中显示图框和标题栏,并包含了样板图中的所有设置。另存为"支架.dwg"文件。

2. 绘制和编辑图形

绘制与编辑图形主要使用 AutoCAD 2023 的绘图和修改命令,有效地使用图层、精确绘图工具(正交、捕捉等)和图形显示命令等,可提高绘图的质量和效率。

(1)绘制中心线

1)将"05 中心线"图层设置为当前图层。

2)执行直线命令,过点 $A(58,206)$、$B(241,206)$ 绘制线段 AB;过点 $C(209,238)$、$D(209,169)$ 绘制线段 CD。执行圆命令,以 AB 和 CD 的交点 O 为圆心(打开状态栏的"对象捕捉"功能,以便准确拾取点 O),分别以 56、105、106 为半径绘制圆 a、b 及 c(作图辅助线可能超出图框线,但不影响作图)。执行偏移命令,分别以 27、18、22 的偏移量,从 AB 偏移复制 EF、GH、IJ。如图 13-15 所示。

3)执行圆命令,以线段 EF 和圆 a 的交点 K 为圆心,绘制半径为 11 的圆 d;放大显示图形,以线段 IJ 和圆 b 的交点 L 为圆心,绘制半径为 3 的圆 e;以线段 GH 和圆 c 的交点 M 为圆心,绘制半径为 3 的圆 f。如图 13-16 所示。

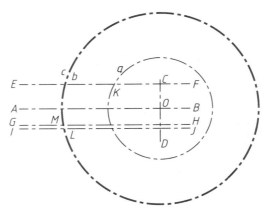

图 13-15   绘制中心线

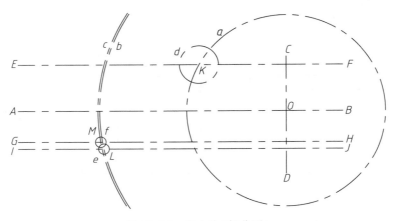

图 13-16   中心线(部分图)

4）执行修剪命令,以圆 d 为修剪边,修剪圆 a 和线段 EF;以圆 e 为修剪边,修剪圆 b 和线段 IJ;以圆 f 为修剪边,修剪圆 c 和线段 GH,如图 13-17 所示。执行删除命令,删除圆 d、e、f。缩小显示图形,如图 13-18 所示。

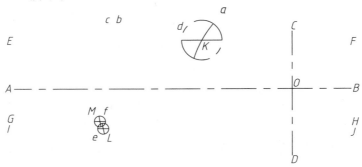

图 13-17   编辑中心线

注意:为方便叙述和图形注释,删除相应的字母。以下有类似处不再进行说明。

5）执行复制命令,将线段 AB 和 CD 以 O 点为基点,向下复制到距离 O 点为 145 处的线段 EF、GH;执行圆命令,以点 G 为圆心、25 为半径,绘制圆 a,如图 13-19 所示。

图 13-18　编辑中心线

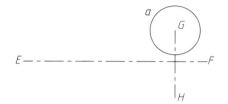

图 13-19　绘制俯视图的中心线

6）执行修剪命令,以圆 a 为修剪边,修剪 GH;执行删除命令,删除圆 a。如图 13-20 所示。

（2）绘制轮廓线、虚线、波浪线

1）将"01 粗实线"图层设置为当前图层。

2）执行圆命令,以点 O 为圆心,分别绘制半径为 15、26、80、128、148 的圆 a、b、c、d、e;以点 K 为圆心,分别绘制半径为 8、17 的圆 f、g;以点 L 为圆心,绘制半径为 43 的圆 h(注意根据需要随时缩放图形显示);以点 M 为圆心,绘制半径为 22 的圆 i。执行直线命令,绘制圆 b 和圆 h 的外公切线 GH;以点 G 为起点,绘制一条和水平方向成 60° 的线段 GI;过点 M 绘制 GI 的垂线 MJ,MJ 和圆 i 的交点为 N。如图 13-21 所示。

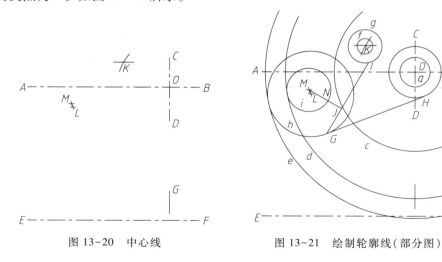

图 13-20　中心线

图 13-21　绘制轮廓线（部分图）

3）执行移动命令,将 GI 以 G 为基点,平移到 N 处,如图 13-22 所示的 NI。

4）执行删除命令,删除线段 MJ。执行修剪命令,分别以线段 GH 和圆 e 为修剪边,修剪圆

h;以线段 NI 和圆 d 为修剪边,修剪圆 i;以线段 GH 和 NI 为修剪边,修剪圆 c;以线段 AB 和圆 h 为修剪边,修剪圆 e;以线段 AB 和圆 i 为修剪边,修剪圆 d。如图 13-23 所示。

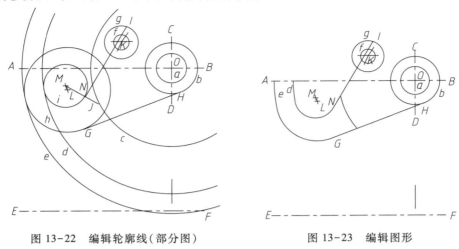

图 13-22　编辑轮廓线(部分图)　　　　图 13-23　编辑图形

5) 执行"绘图"→"圆"→"相切、相切、半径"菜单命令,分别绘制与圆 b、圆 g 相切,半径为 40 的圆 j;绘制与圆 g、线段 NI 相切,半径为 12 的圆 k。执行偏移命令,以 18 的偏移量分别在 AB 的上、下方偏移复制线段 QR 和 ST;以 150、126 的偏移量,在 CD 的左边偏移复制线段 UV 和 PW。如图 13-24 所示。执行特性匹配命令,将线段 GH 的特性匹配到线段 QR、ST、UV 和 PW 线段上,如图 13-25 所示。

6) 将"04 虚线"图层设置为当前图层。执行圆命令,绘制以点 O 为圆心、半径为 69 的圆 l,如图 13-25 所示。

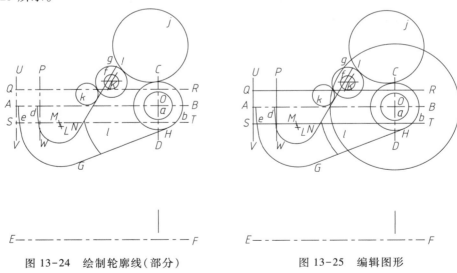

图 13-24　绘制轮廓线(部分)　　　　图 13-25　编辑图形

7) 执行修剪命令,分别以圆 b 和圆 g 为修剪边,修剪圆 j;以圆 k 为修剪边,修剪线段 NI;以线段 NI 和圆 g 为修剪边,修剪圆 k;以圆 j 和圆 k 为修剪边,修剪圆 g;以线段 GH 和圆 j 为修剪边,修剪圆 b;以线段 UV、PW、圆 d 和圆 e 为修剪边,修剪线段 QR 和 ST;以线段 QR 和 ST 为修剪边,修剪线段 UV 和 PW;以线段 NI 和 GH 为修剪边,修剪圆 l。如图 13-26 所示。

8）将"01 粗实线"图层设置为当前图层。打开状态栏的"正交""对象捕捉""对象追踪"功能;执行直线命令,根据命令行提示绘制线段12、23、34、45、56、67、78 等。

命令：_line 指定第一个点：（利用对象捕捉追踪功能拾取点1）

指定下一点或［放弃（U）］：@0,18（指定点2）

指定下一点或［放弃（U）］：（利用对象捕捉追踪功能拾取点3）

指定下一点或［闭合（C）/放弃（U）］：@0,12（指定点4）

指定下一点或［闭合（C）/放弃（U）］：（利用对象捕捉追踪功能拾取点5）

指定下一点或［闭合（C）/放弃（U）］：@0,-18（指定点6）

指定下一点或［闭合（C）/放弃（U）］：（利用对象捕捉追踪功能拾取点7）

指定下一点或［闭合（C）/放弃（U）］：_per 到（利用对象捕捉功能捕捉垂足点8）

指定下一点或［闭合（C）/放弃（U）］：↙（结束命令）

重复执行直线命令绘制其他直线段,如图 13-27 所示。

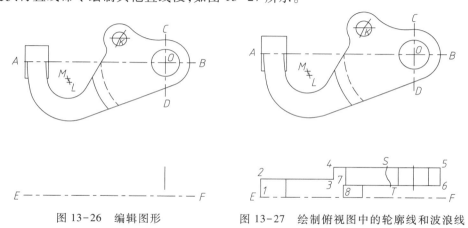

图 13-26　编辑图形　　　　　图 13-27　绘制俯视图中的轮廓线和波浪线

9）将"02 波浪线"图层设置为当前图层。关闭状态栏的"正交""对象捕捉""对象追踪"功能。执行"样条曲线"命令,绘制图 13-27 所示的波浪线 ST。执行修剪命令,以线段45 和67 为修剪边,修剪波浪线 ST。执行镜像命令,选择图 13-28 所示的"虚线"对象,以 EF 为镜像线,镜像复制图形,如图 13-29 所示。

10）执行样条曲线命令,绘制波浪线 QR;执行修剪命令,以相邻左右两条竖直线为修剪边修剪波浪线 QR。将"01 粗实线"图层设置为当前图层,执行直线命令,绘制距离 EF 为 9 的线段 ST。结果如图 13-30 所示。

（3）绘制剖面线

1）将"剖面线"图层设置为当前图层。

2）执行图案填充命令,绘制图 13-31 所示的剖面线。

（4）检查整理图形

1）检查清理图形。

2）通过 K 点添加绘制圆的中心线。

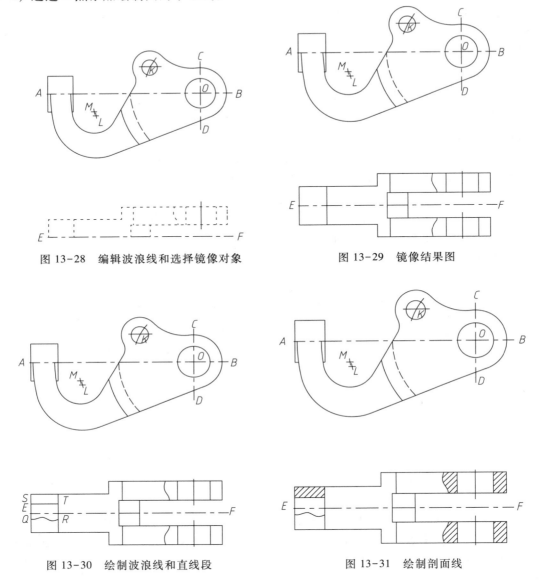

图 13-28   编辑波浪线和选择镜像对象   图 13-29   镜像结果图

图 13-30   绘制波浪线和直线段   图 13-31   绘制剖面线

3）单击状态栏上的"显示/隐藏线宽"按钮显示线宽。显示结果如图 13-32 所示。
至此，完成图形的绘制工作。

3. 标注图形

图形绘制完成后还需要进行标注。通常，图形中的标注包括尺寸、公差及表面粗糙度等。对于该图形需要进行以下标注：

（1）标注基本尺寸

基本尺寸主要包括图形中的长度、直径和半径等。

1）将"08 尺寸线"图层设置为当前图层。

2）执行标注样式命令，打开"标注样式管理器"对话框，如图 13-33 所示，选择"基本尺寸标注"后，单击"置为当前"按钮，关闭对话框。

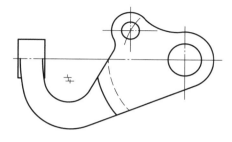

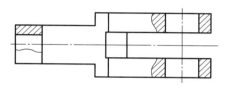

图 13-32 支架图形

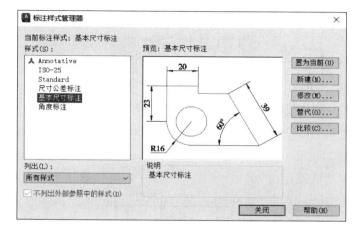

图 13-33 "标注样式管理器"对话框

3）执行"标注"→"线性"菜单命令，创建水平标注 150；重复执行"标注"→"线性"菜单命令，标注其他线性尺寸，如图 13-34 所示。

4）执行"修改"→"对象"→"文字"→"编辑"菜单命令，在尺寸 36、30 之前增加直径符号"φ"，在图 13-34 中的 27 之前增加直径符号"φ"并将其修改为 18；执行分解命令，分解尺寸标注"φ18"；执行删除命令，删除一个箭头和尺寸界线。如图 13-35 所示。

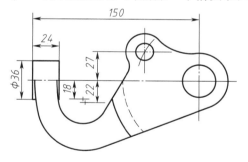

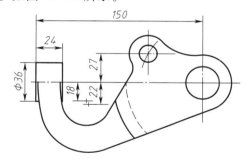

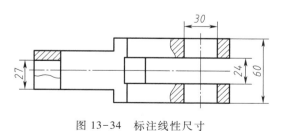

图 13-34 标注线性尺寸

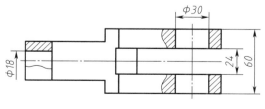

图 13-35 修改标注

5）执行"标注"→"半径"菜单命令，标注半径为 40 的圆弧；重复执行"标注"→"半径"菜单命令，标注其他半径尺寸。执行"标注"→"直径"菜单命令,标注直径为 16 的圆。结果如图 13-36 所示。

6）按照步骤 2）将"角度标注"置为当前标注样式。

7）执行"标注"→"角度"菜单命令,创建角度标注 60°,如图 13-37 所示。

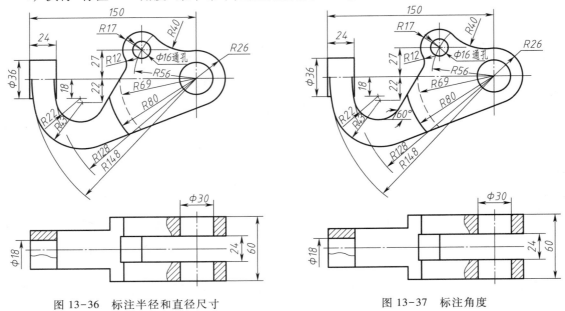

图 13-36　标注半径和直径尺寸　　　　　　　图 13-37　标注角度

注意:在标注尺寸的过程中,根据需要可随时放大或缩小图形显示,以便于标注。另外根据需要,可以绘制必要的辅助图线,以保证尺寸的清晰标注。

（2）标注尺寸公差

1）执行标注样式命令,将"尺寸公差标注"置为当前标注样式。

2）删除原图中的线性标注 60,当然事先可以不标注。

3）执行"标注"→"线性"菜单命令,创建尺寸公差标注,如图 13-38 所示。

（3）标注几何公差

标注几何公差可以通过引线标注实现,可以使用 QLEADER 命令。

1）在命令行输入"QLEADER",在"指定第一个引线点或［设置（S）］<设置>:"提示下输入"S",并按 Enter 键,在打开的"引线设置"对话框中选择"公差"单选项,然后单击"确定"按钮,如图 13-39 所示。

2）在图样上捕捉最右边线性尺寸 60 的上端点,然后在相对上一点竖直方向上选取一点,最后在相对上一点水平方向上选取一点。

3）打开"形位公差"对话框,单击"符号"选项区域下方的黑方块,在打开的"特征符号"对话框中选择需要的几何公差符号,在"公差 1"文本框中输入公差值,在"基准 1"文本框中输入基准符号 A,如图 13-40 所示,单击"确定"按钮,如图 13-41 所示。

注意:基准符号需要单独绘制或事先制作成块在需要的地方插入即可。

（4）标注粗糙度

在 AutoCAD 2023 中,没有直接定义表面粗糙度的标注功能。可以将表面粗糙度符号制作成

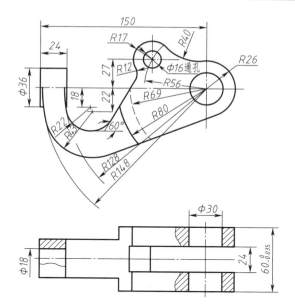

图 13-38 标注尺寸公差

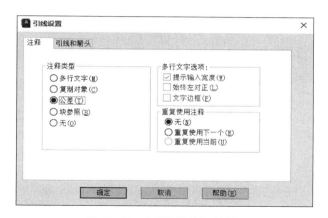

图 13-39 "引线设置"对话框

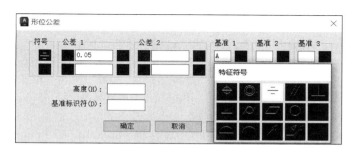

图 13-40 "形位公差"对话框

块,然后在需要的地方插入即可。

1)执行直线命令,按国家标准规定的尺寸绘制表面粗糙度符号,如图 13-42 所示。

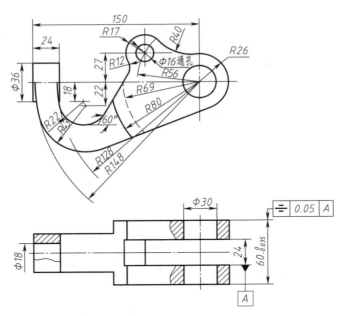

图 13-41　标注几何公差

2）执行定义属性命令,打开"属性定义"对话框,如图 13-43 所示。在"模式"选项区域中选中"验证复选框";设置"标记"为 RA,"提示"为粗糙度值,"默认值"为 3.2。单击"确定"按钮,在表面粗糙度符号的上方拾取一点,如图 13-44 所示。

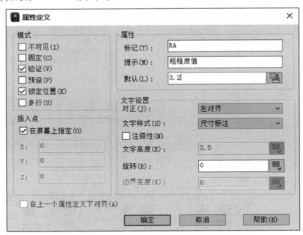

图 13-42　表面粗糙度符号　　　　　图 13-43　"属性定义"对话框

3）在命令行输入"WBLOCK",打开"写块"对话框,如图 13-45 所示。单击"选择对象"图标按钮,选择上面带有属性的表面粗糙度符号,按 Enter 键返回"写块"对话框。单击"拾取点"图标按钮,拾取表面粗糙度符号最下面的点,返回"写块"对话框。设置块的路径和文件名后,单击"确定"按钮。

图 13-44　带有属性的
表面粗糙度符号

4）执行"插入"→"块"菜单命令，在打开的图 13-46 所示的"块"选项板中选择名称为"粗糙度"的块文件，在图中指定插入点的位置，在弹出的"编辑属性"对话框中确定表面粗糙度值，单击"确定"按钮即可在图样中插入一个表面粗糙度图块。

图 13-45　"写块"对话框

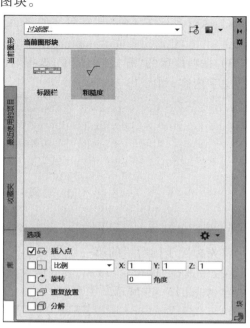

图 13-46　"块"选项板

5）按照图 13-47 所示，在图中插入多个表面粗糙度图块。

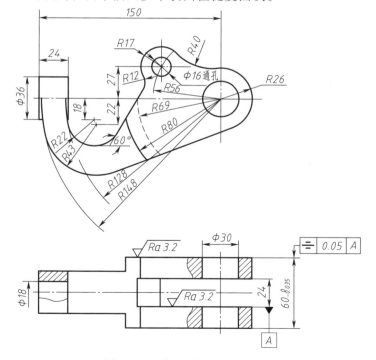

图 13-47　插入表面粗糙度图块

4. 添加注释文字

在图样中,文字注释是必不可少的,可以使用多行文字功能创建文字注释。

1)将"11 文字注释"图层设置为当前图层。

2)执行多行文字命令,然后在绘图区中单击并拖动,创建一个用来放置多行文字的矩形区域。

3)在功能区的"样式"面板中,选择"注释文字"选项,并在文字输入窗口中输入需要创建的多行文字内容,如图 13-48 所示。

图 13-48　注写多行文字

5. 填写标题栏

将光标置于标题栏的第一个表格单元中,双击打开功能区的"文字编辑器"选项卡,在"样式"面板中选择"标题栏"样式,然后输入文字"支架"。使用同样的方法,创建标题栏中的其他文字内容,如图 13-49 所示。

支 架			比例	1:1	(图号)	
			件数	1		
制图	xx	xxxx	质量		材料	HT200
校核	xx	xxxx	(单位名称)			
审定	xx	xxxx				

图 13-49　在标题栏中输入文字

此时,整个图形绘制完毕,效果如图 13-14 所示。

6. 打印图形

在绘制完上述支架零件图后,可以使用 AutoCAD 2023 的打印功能输出该图形。

执行打印命令,在"打印"对话框,对打印的各个选项进行设置。

设置完打印选项后,单击对话框中的"预览"按钮,对所要输出的图形进行完全预览。若已连接并配置好绘图仪或打印机,在"打印"对话框中单击"确定"按钮,可将该图形直接输出到图纸上。

注意:以上是使用 AutoCAD 2023 绘制零件图的一般方法和步骤。使用上述方法可以高质高效地绘制二维工程图样。当然,对于实际的零件图,可以根据需要,事先做好相关的图块:标题栏、表面粗糙度、几何公差基准符号等,这样绘图过程会更快。

13.3　绘制二维装配图

表达机器或部件的图样称为装配图。装配图主要是表达机器或部件的工作原理、零件的位置和连接装配关系、主要零件的结构形状等。装配图是设计生产部门的重要技术文件,是制订装配工艺规程,进行机器装配、检验、安装和维修的技术依据。

一张完整的装配图主要包含一组图形、尺寸、技术要求、标题栏和明细栏。对于一般用户来说,用 AutoCAD 2023 绘制装配图可以和绘制零件图一样,直接使用交互方式绘制装配图。因为装配图中大多都有重复出现的局部结构图形,同时包含着机器中零件的部分视图,所以可以充分利用 AutoCAD 2023 中"块"的功能,把相应的内容先定义成"块",再把"块"插入到图中相应的位置,从而减少重复性工作,提高绘图效率。为简明起见,下面以流程图的形式说明其基本操作绘制过程,如图 13-50 所示。从该图可以看出绘制二维装配图的过程和二维零件图基本一样。装配图的绘制实例如图 13-51 所示。

注意:图 13-50 中打" * "内容之间的比例协调问题同零件图。

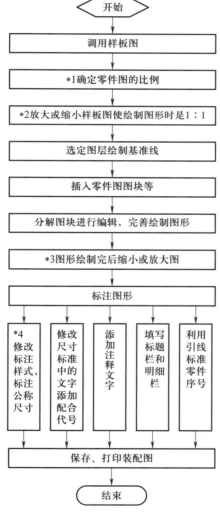

图 13-50 绘制二维装配图流程图

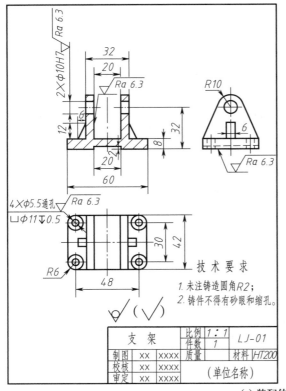
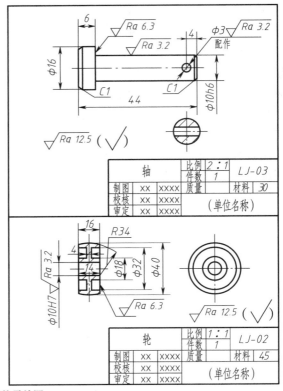

(a) 装配体的零件图

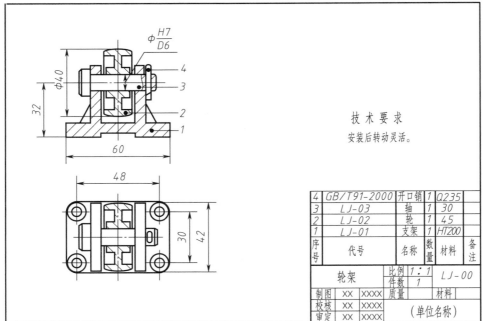

装配图的
绘制实例

(b) 装配图

图 13-51 装配图的绘制实例

13.4　绘制三维实体

与二维图形相比,三维图形更加形象、直观。三维实体造型是 CAD 技术的发展趋势之一。AutoCAD 2023 提供了较强的三维绘图、编辑、标注及渲染功能。同时,利用三维图形,还可以得到各种平面视图,本节将通过具体实例,介绍三维实体图形的综合绘制方法。

13.4.1　设置绘图环境

与绘制二维图形一样,在绘制三维图形前也应设置绘图环境。例如,创建绘制过程中所需要的绘图单位、图层及设置标注样式等,并将其制作为样板图形。此处,不再介绍样板图形的具体绘制方法,只以图 13-52 所示的图形为例创建必要的图层。

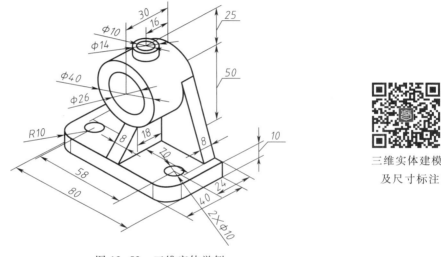

图 13-52　三维实体举例

三维实体建模及尺寸标注

由于该图形比较简单,所以在绘制图形时只需要建立两个图层:一个用于绘制图形轮廓,一个用于创建尺寸标注。

1)执行新建命令,新建一空白文档。

2)执行图层命令,打开"图层特性管理器"对话框,创建"轮廓线"图层,设置颜色为白色,线型为 Continuous,线宽为 0.7 mm;创建"尺寸标注"图层,设置颜色为蓝色,线型为 Continuous,线宽为 0.35 mm,如图 13-53 所示。

3)将"轮廓线"图层设置为当前图层,然后关闭"图层特性管理器"对话框。

13.4.2　绘制与编辑图形

前面章节中,三维实体都是直接在一个三维视口中绘制图形的。其实,在绘制三维实体图形时,可将视区分为多个视口,并在每个视口中建立不同的坐标系,设置不同的观测点等,如前视(即主视)、俯视、左视及等轴测。当在一个视口中绘制图形时,每个视口都可以得到最终图形,因此将这些视口结合起来绘制图形,可以提高绘图效率、简化绘图过程。

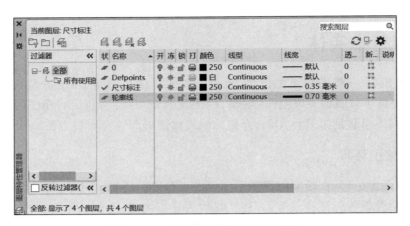

图 13-53　"图层特性管理器"对话框

1）执行"视图"→"视口"→"四个视口"菜单命令,将视区设置为 4 个视口。左上角为前视、左下角为俯视、右上角为左视、右下角为东南等轴测,如图 13-54 所示。

2）激活东南等轴测视口,执行长方体命令,以(0,0,0)为角点,绘制一个长为 80,宽为 40,高为 10 的长方体。

3）分别激活各个视口,进行实时缩放,如图 13-55 所示。

图 13-54　设置 4 个视口

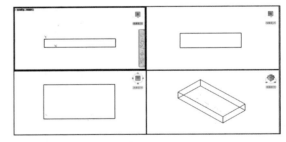

图 13-55　绘制长方体

4）执行"修改"→"圆角"菜单命令,分别对长方体竖直方向的两条棱边修改成圆角,圆角半径为 10,如图 13-56 所示。

5）执行"绘图"→"建模"→"圆柱体"菜单命令,以点(11,16,0)为基面中心,绘制一个半径为 5,高度为 10 的圆柱体,如图 13-57 所示。

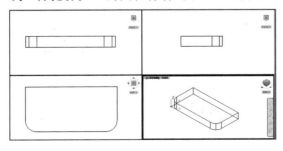

图 13-56　倒圆角

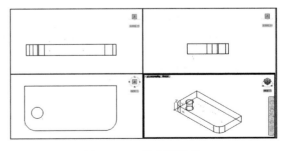

图 13-57　绘制圆柱体

6) 执行"修改"→"三维操作"→"三维镜像"菜单命令,选择该圆柱体,以长方体的对称面为镜像面(可以使用对象捕捉选择长方体对称面上的三点确定镜像面),镜像圆柱体,如图 13-58 所示。

7) 执行"修改"→"实体编辑"→"差集"菜单命令,在长方体中减去两个圆柱体。

8) 执行"工具"→"新建 UCS"→"原点"菜单命令,将坐标原点移到(40,40,50)处。

9) 执行"工具"→"新建 UCS"→"X"菜单命令,将坐标系绕 X 轴逆时针旋转 90°。

10) 执行"绘图"→"圆"→"圆心、半径"菜单命令,以点(0,0,0)为圆心、20 为半径绘制圆。

11) 执行直线命令,以点(35,-40,0)和(-35,-40,0)为端点绘制直线;重复执行直线命令,分别以(35,-40,0)和(-35,-40,0)为端点绘制圆的切线。分别激活各个视口,进行实时缩放,如图 13-59 所示。

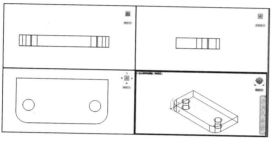

图 13-58 镜像圆柱体

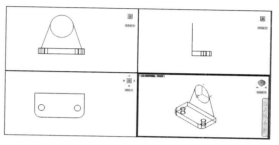

图 13-59 绘制圆和直线段

12) 执行修剪命令,将图形修剪成图 13-60 所示的图形。

13) 执行"绘图"→"面域"菜单命令,将修剪得到的图形转化为面域。

14) 执行"绘图"→"建模"→"拉伸"菜单命令,将面域拉伸为一个高为 8 的实体,如图 13-61 所示。

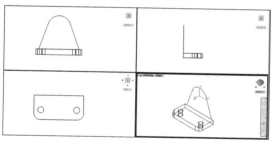

图 13-60 修剪图形

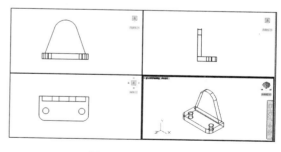

图 13-61 拉伸图形

15) 执行"绘图"→"建模"→"圆柱体"菜单命令,以点(0,0,0)为基面中心,分别绘制半径为 20、13,高为 30 的圆柱体,如图 13-62 所示。

16) 执行"绘图"→"三维多段线"菜单命令,过点(-4,0,8)、(-4,0,26)、(-4,-22,26)、(-4,-40,40)、(-4,-40,8)、(-4,0,8)绘制一个闭合图形,如图 13-63 所示。

17) 执行"绘图"→"建模"→"拉伸"菜单命令,将该闭合图形拉伸为一个高为 8 的实体,如图 13-64 所示。

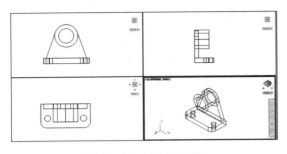

图 13-62　绘制圆柱体　　　　　　　　　　　图 13-63　绘制三维多段线

18）执行"工具"→"新建 UCS"→"原点"菜单命令,将坐标原点移到(0,25,16)处。

19）执行"工具"→"新建 UCS"→"X"菜单命令,将坐标系统 X 轴顺时针旋转 90°。

20）执行"绘图"→"建模"→"圆柱体"菜单命令,以点(0,0,0)为基面中心,分别绘制半径为 7、5,高为 25 的圆柱体,如图 13-65 所示。

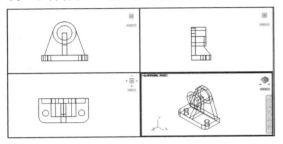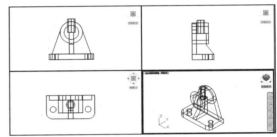

图 13-64　拉伸图形　　　　　　　　　　　图 13-65　绘制圆柱体

21）执行"修改"→"实体编辑"→"并集"菜单命令,将所有底座部分(除了半径为 13 的圆柱体和半径为 5 的圆柱体)合并;执行"修改"→"实体编辑"→"差集"菜单命令,减去半径为 13 的圆柱体和半径为 5 的圆柱体,如图 13-66 所示。

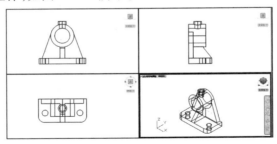

图 13-66　进行布尔运算

13.4.3　控制三维实体的显示

在 AutoCAD 2023 中绘制三维实体时,图形总是以线框模式显示。当图形中包含曲面时,曲面上简单的线条并不能完全表现实体的特点;当图形处于消隐状态时,由于曲面上的面数不同,看到的曲面光滑程度也不同。因此,在绘制实体时,为了更好地观察图形,需要通过 ISOLINES、

FACETRES、DISPSILH 等系统变量来控制实体的显示效果。

下面通过 ISOLINES、FACETRES、DISPSILH 等系统变量控制上例的显示效果。

1）激活东南等轴测视口,执行"视图"→"视口"→"一个视口"菜单命令,放大东南等轴测视口,此时视口中的图形以线框模式显示,如图 13-67 所示。

2）在命令行输入"ISOLINES",将该系统变量设置为 30,然后执行"视图"→"重生成"菜单命令,显示效果如图 13-68 所示。

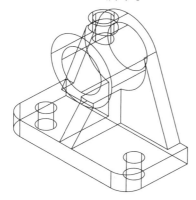

图 13-67　线框模式的显示效果

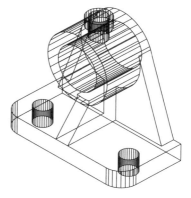

图 13-68　增大素线数（ISOLINES 值）后的显示效果

3）执行"视图"→"消隐"菜单命令,如图 13-69 所示。

4）在命令行输入"FACETRES",将该系统变量设置为 10,然后执行"视图"→"消隐"菜单命令,显示效果如图 13-70 所示。

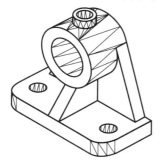

图 13-69　消隐图形

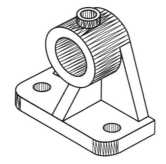

图 13-70　改变实体表面的平滑度（FACETRES 值）后的显示效果

5）在命令行输入"DISPSILH",将该系统变量设置为 1,显示实体轮廓,然后执行"视图"→"消隐"菜单命令进行消隐操作,显示效果如图 13-71 所示。

13.4.4　标注尺寸

尺寸是三维图形中不可缺少的内容。用 AutoCAD 2023 标注三维实体的尺寸,必须要灵活地变换用户坐标系,因为所有的尺寸标注都只能在当前坐标系的 XY 平面中进行。另外还应根据需要及时地打开或关闭状态栏上的对象捕捉功能等相关操作,以方便对图形进行尺寸标注。

下面标注如图 13-52 所示实体的尺寸。

1）将"尺寸标注"图层设置为当前图层。

2）执行"标注"→"直径"菜单命令，分别标注两圆的直径，如图 13-72 所示。

3）执行"工具"→"新建 UCS"→"原点"菜单命令，将坐标原点移动到点（0，−24，−75）。执行"标注"→"线性"菜单命令，标注底板的长和宽，如图 13-72 所示。

4）执行"工具"→"新建 UCS"→"原点"菜单命令，将坐标原点移动到点（0，0，10）。执行"标注"→"线性"菜单命令，分别标注两圆底定位尺寸 58 和 24、支撑板尺寸 70；执行"标注"→"直径"菜

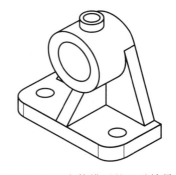

图 13-71　实体模型的显示效果

单命令，标注两圆的直径尺寸；执行"标注"→"半径"菜单命令，标注圆角的半径。如图 13-73 所示。

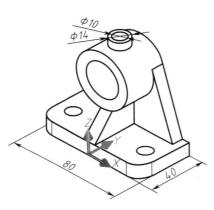

图 13-72　标注尺寸一

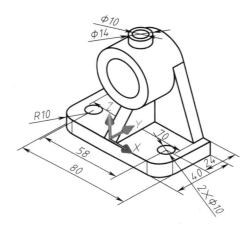

图 13-73　标注尺寸二

5）执行"工具"→"新建 UCS"→"原点"菜单命令，将坐标原点移动到点（0，10，40）。执行"工具"→"新建 UCS"→"X"菜单命令，将坐标系绕 X 轴旋转 90°。执行"标注"→"直径"菜单命令，分别标注两圆的直径，如图 13-74 所示。

6）执行"工具"→"新建 UCS"→"原点"菜单命令，将坐标原点移动到点（0，0，−30）。执行"工具"→"新建 USC"→"Y"菜单命令，将坐标系绕 Y 轴旋转 90°。执行"标注"→"线性"菜单命令，标注线性尺寸 50、25、30，如图 13-75 所示。其中尺寸 25、50 需要修改为引出水平标注。

7）执行"工具"→"新建 UCS"→"原点"菜单命令，将坐标原点移动到点（−8，−40，4）。执行"标注"→"线性"菜单命令，标注线性尺寸 18，如图 13-75 所示。

8）执行"工具"→"新建 UCS"→"原点"菜单命令，将坐标原点移动到点（8，0，36）；执行"标注"→"线性"菜单命令，标注线性尺寸 10，如图 13-75 所示。尺寸 10 需要修改为引出水平标注。

9）执行"工具"→"新建 UCS"→"面"菜单命令，以支撑板的斜面为坐标系的 XY 面，并使用"输入选项"调整坐标系成为图 13-76 所示的位置。执行"标注"→"线性"菜单命令，标注线性尺寸 8，如图 13-76 所示。

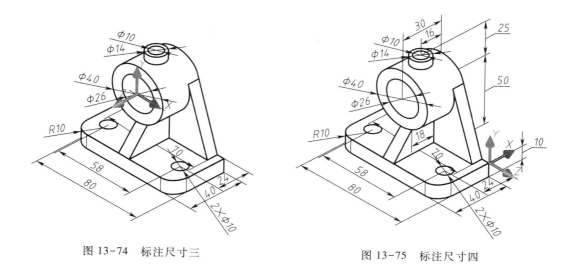

图 13-74 标注尺寸三　　　　　　图 13-75 标注尺寸四

10）执行"工具"→"新建 UCS"→"面"菜单命令,以肋板的斜面为坐标系的 XY 面,并使用"输入选项"调整坐标系成为图 13-77 所示的位置。执行"标注"→"线性"菜单命令,标注线性尺寸 8,如图 13-77 所示。

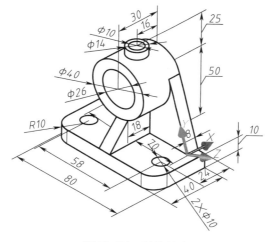

图 13-76 标注尺寸

13.4.5 设置视觉样式与渲染图形

在 AutoCAD 2023 中,还可以通过设置视觉样式与渲染来表现三维实体的特征。例如,执行"视图"→"视觉样式"→"真实"菜单命令,得到图 13-78 所示的显示效果;若选择"概念"菜单项,得到图 13-79 所示的显示效果。

为了更真实地表现三维实体模型,在 AutoCAD 2023 中可以模拟特定场景来表现实体,这时就需要使用 AutoCAD 2023 的渲染功能。在渲染的同时,可以设置光源位置、光线强度、渲染背

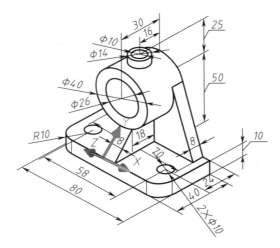

图 13-77　标注尺寸

景、实体对象使用的材质等,此处略去。

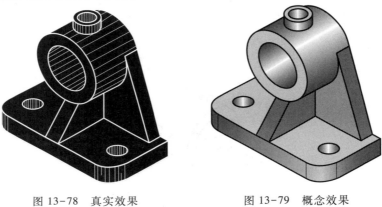

图 13-78　真实效果　　　　　　　　图 13-79　概念效果

习　　题

1. 样板图中通常包括哪些内容?

2. 使用 AutoCAD 绘制机械图样的样板图时应遵守哪些准则?

3. 制作符合国家标准要求的 A0、A1、A2、A3、A4 图幅的样板图。要求根据相关专业(行业)图样特点制作,例如机械工程图样、土木工程图样、化工工程图样。

4. 在样板图的基础上绘制图 13-80、图 13-81、图 13-82 所示的零件图。此处略去了标题栏等内容,读者可自行设计。

5. 在样板图的基础上绘制图 13-83 所示的建筑平面图。

6. 绘制图 13-84 所示的三维实体。

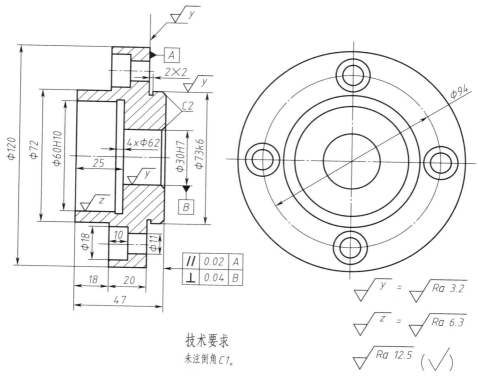

技术要求

未注倒角C1。

图 13-80　零件图一

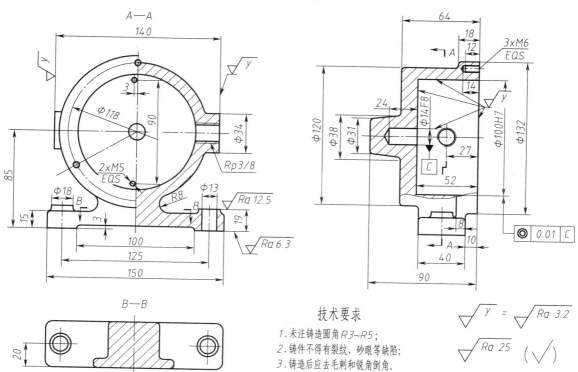

技术要求

1. 未注铸造圆角R3~R5；
2. 铸件不得有裂纹、砂眼等缺陷；
3. 铸造后应去毛刺和锐角倒角。

图 13-81　零件图二

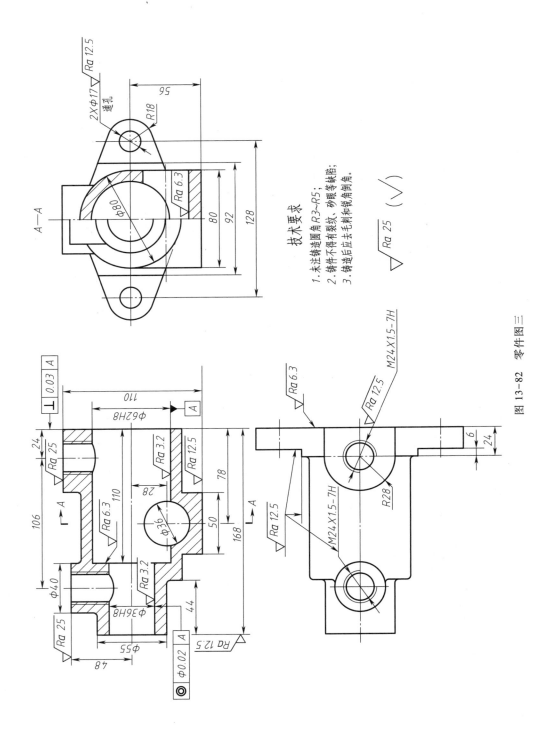

技术要求
1. 未注铸造圆角R3~R5;
2. 铸件不得有裂纹、砂眼等缺陷;
3. 铸造后应去毛刺和锐角倒角。

图 13-82 零件图三

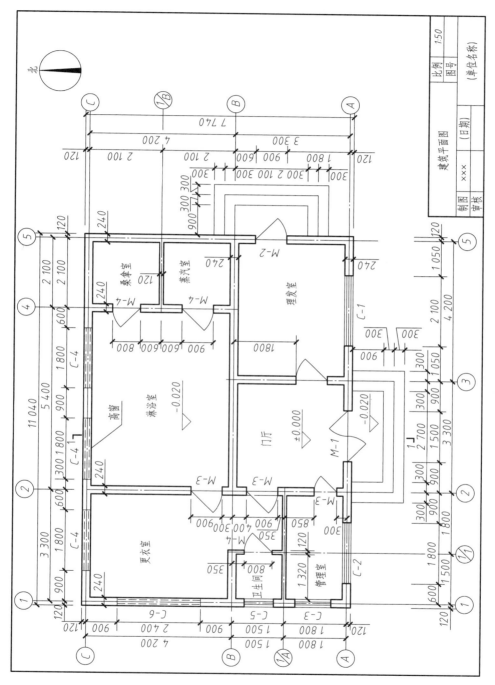

图 13-83　建筑平面图

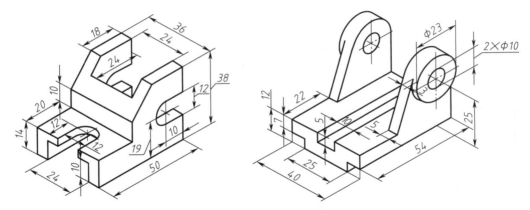

图 13-84 绘制三维实体

附录　AutoCAD 2023 常用快捷键

快捷键	AutoCAD 传统功能	Windows 功能
CTRL+A	打开/关闭编组选择	选择图形中的全部对象
CTRL+B	切换捕捉	切换捕捉
CTRL+C	取消当前命令	将对象复制到剪贴板
CTRL+D	切换坐标显示	切换坐标显示
CTRL+E	在等轴测平面之间循环	在等轴测平面之间循环
CTRL+F	切换执行对象捕捉	切换执行对象捕捉
CTRL+G	切换栅格	切换栅格
CTRL+H	（无操作）	打开/关闭 PICKSTYLE
CTRL+J	执行上一个命令	执行上一个命令
CTRL+M	重复上一个命令	（无操作）
CTRL+N	（无操作）	创建新图形
CTRL+O	切换正交模式	打开现有图形
CTRL+P	（无操作）	打印当前图形
CTRL+R	（无操作）	在布局视口之间循环
CTRL+S	（无操作）	保存当前图形
CTRL+T	切换数字化仪模式	切换数字化仪模式
CTRL+V	在布局视口之间循环	粘贴剪贴板中的数据
CTRL+X	取消当前输入	将对象剪切到剪贴板
CTRL+Y	（无操作）	重复上一个操作
CTRL+Z	（无操作）	撤销上一个操作
CTRL+\	取消当前命令	取消当前命令
CTRL+1	打开/关闭对象特性管理器	（无操作）
CTRL+2	打开/关闭设计中心	（无操作）
CTRL+3	打开/关闭工具选项板	（无操作）
F1	显示帮助	显示帮助

续表

快捷键	AutoCAD 传统功能	Windows 功能
F2	打开/关闭文本窗口	打开/关闭文本窗口
F3	切换自动对象捕捉	切换自动对象捕捉
F4	切换数字化仪模式	切换数字化仪模式
F5	切换等轴测平面	切换等轴测平面
F6	切换坐标显示方式	切换坐标显示方式
F7	切换栅格模式	切换栅格模式
F8	切换正交模式	切换正交模式
F9	切换捕捉模式	切换捕捉模式
F10	打开或关闭极轴追踪	打开或关闭极轴追踪
F11	打开或关闭对象捕捉追踪	打开或关闭对象捕捉追踪

参 考 文 献

［1］　张爱梅,赵艳霞,刘万强,等.AutoCAD 2015 计算机绘图实用教程.北京:高等教育出版社,2016.

［2］　张爱梅,巩琦,赵艳霞,等.AutoCAD 2007 计算机绘图实用教程.北京:高等教育出版社,2007.

［3］　CAD/CAM/CAE 技术联盟.AutoCAD 2022 中文版从入门到精通(标准版).北京:清华大学出版社,2022.

［4］　天工在线.中文版 AutoCAD 2023 从入门到精通(实战案例版).北京:中国水利水电出版社,2023.

［5］　周敏,林泉,罗万鑫.AutoCAD 2020 中文版完全自学一本通.北京:电子工业出版社,2020.

［6］　赵洪雷.AutoCAD 2022 中文版从入门到精通.北京:电子工业出版社,2021.

［7］　谷岩.AutoCAD 2022 中文版实战从入门到精通.北京:人民邮电出版社,2022.

［8］　郑阿奇,徐文胜.AutoCAD 实用教程.6 版.北京:电子工业出版社,2022.

［9］　包丽,骆驼在线课堂.中文版 AutoCAD 2020 机械制图实用教程(微课视频版).北京:中国水利水电出版社,2020.

［10］　王爱兵,胡仁喜.AutoCAD 2021 中文版从入门到精通.北京:人民邮电出版社,2020.

［11］　CAD/CAM/CAE 技术联盟.AutoCAD 2014 自学视频教程.北京:清华大学出版社,2014.